I0058442

Vorwort

zum ersten und zweiten Bande.

Das vorliegende Werk gliedert sich in einen allgemeinen ersten Teil und in einen speziellen zweiten Teil und ist als die Fortsetzung des 1943 erschienenen Werkes " Die Bewegungstheorie im nichteuklidischen elliptischen Raum " anzusehen, das kurz als " Ell. Werk " zitiert sei. Es gilt hier daher allgemein, was ich bereits in dem Vorwort dieses letzten Werkes ausgesprochen habe. Beide Werke bilden ja die Weiterführung meines grundlegenden Buches " Projektive und nichteuklidische Geometrie", Bd. I und II, Leipzig 1931. Naturgemäss werden hinsichtlich der Bewegungstheorie im ersten Teil manche Untersuchungen in der hyperbolischen Geometrie denen in der elliptischen Geometrie analog sein, sodaß wir uns hier öfter kürzer fassen oder manches hier fortlassen können. Doch bin ich vielfach auch andere Wege gewandelt, um zu dem einzelnen Ziele zu gelangen. Durch die Gegenüberstellung der elliptischen und hyperbolischen Geometrie werden aber gewiß beide in ein noch helleres Licht gestellt. Ein wichtiger Unterschied der beiden Geometrieen besteht ja darin, dass als besondere Eigenart der elliptischen Geometrie die Schiebungen mit den Clifford'schen Parallelen, in der hyperbolischen Geometrie die Grenzdrehungen mit ihren Grenzkreisen als Bahnkurven ihre besondere Rolle spielen. Ich habe vor allem in der hyperbolischen Geometrie im Vergleich mit dem elliptischen Werk auch neue Probleme behandelt. Hier sei vor allem die neue Aufgabe genannt, die gemeinsamen Senkrechten von zwei windschiefen Geraden zu bestimmen. Diese interessante Frage ist dann auch in der elliptischen Geometrie hier ausgeführt. Insbesondere aber werde ich auch den innigen Zusammenhang dieser Betrachtungen mit dem anderen wichtigen Problem darlegen, die sich gleichsinnig entsprechenden Geraden einer vorliegenden Bewegung zu bestimmen. Sodann haben wir noch di wichtige Aufgabe behandelt, zwei gegebene Bewegungen zu der resultierenden Bewegung zusammenzusetzen und zwar sowohl in der elliptischen wie in der hyperbolischen Geometrie. Diese Betrachtungen führen uns dann auch zu der Deutung der Formeln der sphärischen Trigonometrie im Falle complexer Argumente an der Schilling'schen Figur in der hyperbolischen Geometrie.

II.

Der zweite Teil dieses Werkes ist einer besonderen neuen und interessanten Frage gewidmet, nämlich der Bestimmung der kürzesten Linien der Abstandsflächen einer Geraden und der Kugeln in der elliptischen und hyperbolischen Geometrie. Insbesondere ergibt sich, dass auf den Abstandsflächen und den Grenzkugeln der hyperbolischen Geometrie die euklidische Geometrie gilt. Hoffentlich werden alle meine nichteuklidischen Entwicklungen, bei denen neben den analytischen Rechnungen stets auch der lebendige, anschauliche Überblick zu seinem Rechte gekommen ist, dazu führen, daß recht viele Mathematiker, Astronomen und Philosophen sich immer mehr in der elliptischen und hyperbolischen Geometrie behaglich wie zu Hause fühlen, da sie mit allen Einrichtungen dieses Heims wohlvertraut sind.

Danzig-Oliva, 1945. Friedrich Schilling

III.

I n h a l t s v e r z e i c h n i s

des ersten Bandes.

Erster Teil:

Die Bewegungstheorie im nichteuklidischen hyperbolischen Raum.

Inhaltsverzeichnis

des zweiten Bandes.

Fortsetzung des ersten Teiles:

Die Bewegungstheorie im nichteuklidischen hyperbolischen Raum.

Zweiter Teil.

Die kürzesten Linzen der Abstandsflächen einer Geraden und der Kugeln in der elliptischen und hyperbolischen Geometrie.

Erster-Teil

Die Bewegungstheorie im nichteuklidischen hyperbolischen Raum.

§ 1.

Vorbemerkungen, insbesondere die nichteuklidische Größe von Strecken und Winkeln.

I. Wir werden unsere Betrachtungen in einer bestimmten im euklidischen Raum mit dem euklidischen rechtwinkligen (x,y,z) - Koordinatensystem und dem Koordinatenanfangspunkt O eingebetteten Geometrie mit hyperbolischer Maßbestimmung durchführen; alle Ergebnisse übertragen sich dann auch auf die nichteuklidische hyperbolische Geometrie, die sich auf der projektiven Geometrie des Raumes aufbaut.

Wir wollen der Geometrie mit hyperbolischer Maßbestimmung jetzt die reelle Fläche

(1) $$x^2+y^2+z^2-w^2=0$$

mit den homogenen Koordinaten x,y,z,w als absolute Fläche zu Grunde legen, die euklidisch die Einheitskugel um den Koordinatenanfangspunkt darstellt. Die Formel für die nichteuklidische Länge einer Strecke PQ sei

(2) $PQ = \frac{1}{2}\cdot\log(U\,V\,P\,Q)$, wo U,V die (reellen oder konjugiert imaginären) Schnittpunkte der Geraden PQ mit der absoluten Fläche sind und (UVPQ) das Doppelverhältnis der vier Punkte bedeutet. Dementsprechend gilt bekanntlich auch die Formel für das Bogenelement $d\sigma$ *)

(3) $$d\sigma^2 = \frac{(dx^2+dy^2+dz^2)-[(xdy-ydx)^2+(zdx-xdz)^2+(ydz-zdy)^2]}{[1-(x^2+y^2+z^2)]^2}$$

Analog gilt die Formel für die nichteuklidische Größe eines Winkels mit den Schenkeln p,q

(4a) $\varphi = \frac{1}{2}\cdot\log(uvpq)$, wo u,v die Tangenten vom Scheitelpunkt an die absolute Fläche in der Ebene des Winkels sind, und die Formel für die nichteuklidische Größe eines Winkels zweier Ebenen-

---

*) Vgl. mein Buch "Projektive und nichteuklidische Geometrie, Bd. II, Leipzig, 1931, S.157, sowie §20, S.92-98 (Die Länge einer Strecke in der hyperbolischen Geometrie) und §21, S.98-104 (Ausdehnung der Formel für die Entfernung zweier Punkte auf uneigentliche Punkte in der hyperbolischen Ebene), und §22, S.106-112 (Die Größe eines Winkels in der hyperbolischen Geometrie). Näher ist noch auf die Länge einer Strecke oder die Größe eines Winkels in meiner besonderen Schrift eingegangen: Die nichteuklidische Trigonometrie der hyperbolischen und elliptischen Dreiecke im Gebiete außerhalb des absoluten Kegelschnittes in der projektiven Ebene mit hyperbolischer Geometrie, in der Zeitschrift: Deutsche Mathematik, Jahrg. 7, 1942, §1 u. 2, S.433-442.

(4b) $\varphi = \frac{1}{2} \cdot \log (uvpq)$, wo u,v die Tangentialebenen durch die die Schnittlinie der Ebenen p,q an die absolute Fläche sind.

Im Vergleich mit der elliptischen Maßbestimmung sei aber der wichtige Unterschied sogleich noch hervorgehoben:

Wir haben jetzt die Punkte im Innern der absoluten Fläche, d.h. die eigentlichen Punkte, die Punkte auf der absoluten Fläche, die nichteuklidisch unendlich fernen Punkte, und die Punkte außerhalb der absoluten Fläche, die nicht euklidisch überunendlichfernen Punkte, zu unterscheiden, wobei wir die beiden letzten Arten zusammen als uneigentliche Punkte den eigentlichen Punkten gegenüberstellen. Jeden nicht auf der absoluten Fläche liegenden Punkt, jede nicht die absolute Fläche berührende Ebene oder Gerade, wollen wir ferner als einen allgemeinen Punkt, bezw. Ebene oder Gerade, jeden Punkt auf der absoluten Fläche, jede letztere berührende Ebene oder Gerade als Grenzpunkt, Grenzebene und Grenzgerade bezeichnen. Wir wollen aber noch hervorheben: Auch die uneigentlichen Punkte können wir insofern im Innern der absoluten Fläche deuten, als jeder solche Punkt durch zwei durch ihn gehende Gerade durch das Innere der absoluten Fläche ja ein bestimmtes Strahlenbündel mit unendlich vielen auch im Innern der absoluten Fläche verlaufende Gerade festlegt.

Es ist jetzt weiter z.B. für den innerhalb der absoluten Fläche gelegenen Punkt Q auf der x-Achse die nichteuklidische Länge σ der Strecke $\overrightarrow{OQ}$, deren euklidische Länge gleich b ist, nach der Gleichung (3)

(5) $$\sigma = \int_0^{x=b} \frac{1}{1-x^2}\, dx = \operatorname{ar\,tg\,h}\, b = \frac{1}{2} \cdot \log \frac{1+b}{1-b}.$$

1. Die nichteuklidische Länge einer gegebenen euklidischen Strecke b=0 Q der x- Achse wird also durch die Formel (5) gegeben.

Es ist auch nach der Formel (2) $\sigma = \frac{1}{2} \cdot \log (ABOQ)$, wo A,B die Schnittpunkte der x-Achse mit der absoluten Fläche, also die Punkte ($\pm 1,0,0$) sind, oder $\sigma = \frac{1}{2} \cdot \log (1,-1,0,b) = \operatorname{arctg\,h}\, b$

da $(1,-1,0,b) = \frac{1+b}{1-b} = e^{2\sigma}$, also $b = \frac{e^{\sigma} - e^{-\sigma}}{e^{\sigma} + e^{-\sigma}} = \operatorname{tg\,h}\,\sigma$ ist.

2. Die nichteuklidisch metrische Einheitsstrecke ist demnach die euklidische Strecke der x-Achse vom Koordinatenanfangspunkt bis zum Punkte mit der Abszisse $b = \frac{e-e^{-1}}{e+e^{-1}} = \operatorname{tg\,h}\, 1 = 0{,}7616.$

Ergänzend füge ich noch kurz hinzu:

3. Analog ist die Strecke $0_1^\infty Q$ vom euklidisch unendlich fernen Punkte der x-Achse bis zu dem außerhalb der absoluten Fläche gelegenen Punkt Q der x-Achse mit der Abszisse $x^* > 1$ nichteuklidisch gleich

(5 a) $\sigma = \overrightarrow{0_1^\infty Q} = \text{arc ctg h } x^* \gtreqless 0.$

Denn es ist:

$$Q0_1^\infty = \int_{x^*}^{\infty} \frac{1}{1-x^2}\, dx = -\int_{x^*}^{\infty} \frac{1}{x^2-1}\, dx = \frac{1}{2} \cdot \log \frac{x^*-1}{x^*+1} = -\text{ar ctgh } x^* \leqq 0$$

und dies Resultat entspricht der Tatsache:

4. Die metrisch positive Richtung der x-Achse außerhalb der absoluten Fläche ist der projektiv positiven Richtung der x-Achse entgegengesetzt.*)

II. Schon die einfache Formel (5) zeigt, daß wir es fernerhin stets mit Hyperbelfunktionen zu tun haben werden. Wir wollen daher kurz die einfachen Definitionen der Hyperbelfunktionen durch die Exponentialfunktionen angeben.**) Es ist:

$$\sin h\,\varphi = \frac{e^{\varphi} - e^{-\varphi}}{2},$$

$$\cos h\,\varphi = \frac{e^{\varphi} + e^{-\varphi}}{2},$$

$$\text{tg h}\,\varphi = \frac{1}{\text{ctg h}\,\varphi} = \frac{e^{\varphi} - e^{-\varphi}}{e^{\varphi} + e^{-\varphi}}$$

Insbesondere gilt noch die wichtige Formel

$\cos h^2\varphi - \sin h^2\varphi = 1.$

Setzen wir $\cos h\varphi = \xi$, $\sin h\varphi = \eta$, sodass $\xi^2 - \eta^2 = 1$ ist, so stellt diese Gleichung in einem rechtwinkligen (ξ, η) - Koordinatensystem eine gleichseitige Hyperbel vor mit der reellen Halbachse 1, (Fig. 1). Von dieser Figur, die an die Stelle des Einheitskreises für die Kreisfunktionen tritt, rührt auch die Be=

*) Vgl. hier wieder die Sätze 10 a,b, S. 104 in meinem, schon in der Anm. S. 1 genannten Buche.

**) Aus der zahlreichen Literatur über Hyperbelfunktionen, auch in elementaren Lehrbüchern der Differential-und Intregalrechnung, sei nur genannt: Jahnke-Emde, Funktionentafeln, 2. Aufl. Leipzig 1933, S. 52-78, woselbst auf den Seiten 77-78 ein Verzeichnis von Tafeln dieser Funktionen angegeben ist. Von diesen nennen wir insbesondere: Hütte, des Ingenieurs Taschenbuch, 26. Aufl. Bd. I., Berlin 1931, sowie K. Hayashi, Sieben-und mehrstellige Tafeln der Kreis-und Hyperbelfunktionen, Berlin 1926.

zeichnung "Hyperbelfunktion" her. Es seien auch noch die Funk= tionen sin hφ, cos hφ und tg hφ durch die Kurven der Fig. 2 dargestellt. Hierzu sei noch bemerkt: Wir zeichnen im der (x,y) - Ebene die Kurve y = arc tg h x,(Fig. 2a).

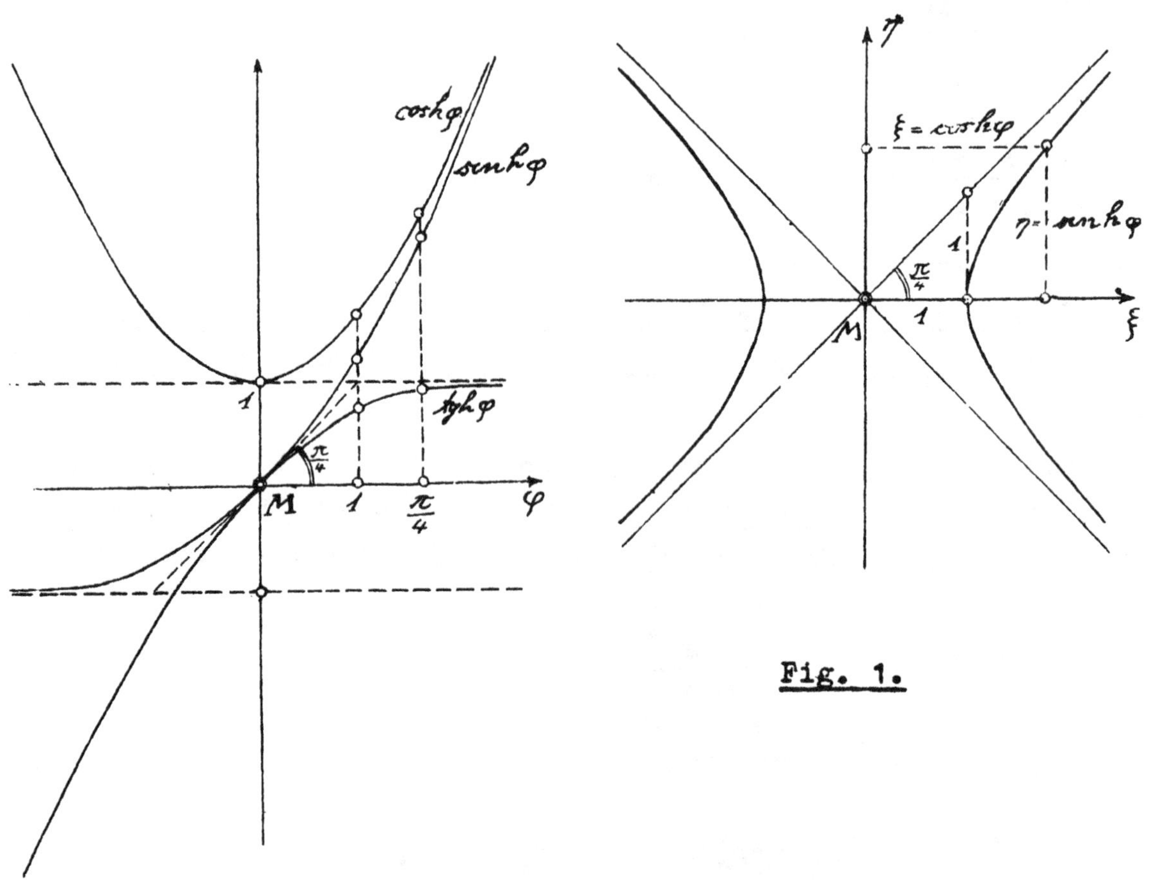

Fig. 1.

Fig. 2.

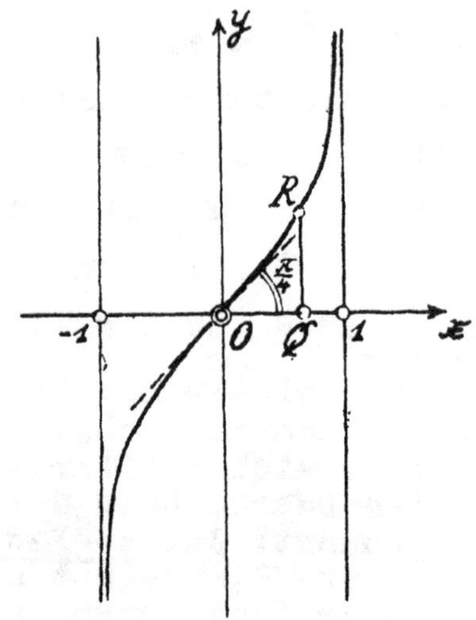

Fig. 2a.

5. Ist jetzt auf der x-Achse die Strecke OQ gegeben, so ist die Maßzahl ihrer nicht euklidischen Länge gleich der Maßzahl der euklidischen Länge der zugehörigen Ordinate Q R.

III. Wir setzen jetzt natürlich die Grundbegriffe und elementaren Lehrsätze der Geometrie mit hyperbolischer Maßbestimmung als bekannt voraus, die sich leicht aus den obigen Formeln ohne Benutzung der Bewegungstheorie ergeben. (Freilich lassen die folgenden Sätze sich auch besonders einfach mit Hilfe der im § 3 ohne sie abgeleiteten Bewegungen beweisen; vgl.z.B. die Sätze 10 und 11 für die x-Achse und die x_1^∞- Achse als absolute Polaren g, g_1).

Insbesondere nennen wir:

6. Die volle Gerade besitzt nichteuklidisch die Länge π. i,der volle Winkel die Größe 2π.

7. Entsprechend beträgt die Länge einer allgemeinen Strecke,deren Endpunkte absolute konjugierte Pole sind, deren einer Endpunkt also auf der absoluten Polarebene des anderen liegt, $\frac{\pi}{2}$ .i und die nichteuklidische Größe eines allgemeinen Winkels, dessen Schenkel absolute Polare sind, $\frac{\pi}{2}$ In letzterem Falle stehen also die Schenkelgeraden auf einander senkrecht.

Ferner gelten die Sätze:

8. Jede Gerade durch einen allgemeinen Punkt steht auf der absoluten Polarebene des Punktes nichteuklidisch senkrecht.

9. Zwei allgemeine Ebenen stehen nichteuklidisch aufeinander senkrecht, wenn ihre absoluten Pole die nichteuklidische Entfernung $\frac{\pi}{2}$.i haben, wobei dann jeder absolute Pol der einen Ebene in der andern liegt.

10. Bei zwei absoluten Polaren g, g_1, liegt jede dieser Geraden in den absoluten Polarebenen aller Punkte der anderen.

11. Jede allgemeine Gerade, welche irgend zwei Punkte auf zwei allgemeinen, absoluten Polaren g, g_1 verbindet,deren eine stets dann die absolute Fläche schneidet, steht auf letzteren nichteuklidisch senkrecht. Je zwei allgemeine absolute Polaren haben also ∞^2 gemeinsame Senkrechte.

Es gilt weiter der Satz:

12. Die nichteuklidische Strecke PQ im Innern der absoluten Fläche auf der Geraden g,etwa eine Strecke der x-Achse, ist stets gleich dem Produkt von $\frac{1}{i}$ und dem entsprechenden nichteuklidischen Winkel der beiden absoluten Polarebenen der Punkte P,Q,wobei die-

se Ebenen sich ja in der absoluten Polaren g_1 der Geraden g schneiden, oder auch gleich dem Produkt von $\frac{1}{i}$ und dem entsprechenden nichteuklidischen Winkel der beiden Ebenen durch die absolute Polare g_1 und je einen der Punkte P,Q und umgekehrt,(siehe deswegen und wegen der Verallgemeinerung dieses Satzes die in der Anm. S.1 genannten Hinweise).

Es ist gewiß auch interessant, einmal die hyperbolische Geometrie in einer die absolute Fläche nicht schneidenden Ebene ε und die elliptische Geometrie in dieser Ebene bei Zugrundelegung des imaginären Schnittkreises der Ebene mit der absoluten Fläche als absolute Kurve und die Geometrie des Strahlenbündels mit dem absoluten Pol E der Ebene ε zu vergleichen, insbesondere für den speziellen Fall, daß die Ebene ε die euklidisch unendlich ferne Ebene, ihr absoluter Pol E also der Koordinatenanfangspunkt O ist, (vergl. auch hier meine in der Anm. S.1 genannte besondere Schrift).

IV. Es gelten ferner auch hinsichtlich der Beziehung zur euklidischen Geometrie des (x,y,z)- Raumes die Sätze 2-6 des Ell. Werkes, S.3,(vgl. auch den Satz 9,S.3 daselbst). Was z.B. den Satz betrifft: Jede euklidische Senkrechte q zu einer durch den Koordinatenanfangspunkt O gehenden Geraden p ist auch zugleich nichteuklidisch senkrecht zur Geraden p, so erkennen wir leicht: Wenn die Gerade q auf der durch den Koordinatenanfangspunkt O gehenden Geraden p euklidisch senkrecht steht, so liegt ja in der Ebene der Geraden p,q auch der absolute Pol der Geraden q in der Geraden p. Dann aber stehen die Geraden p,q auch nichteuklidisch auf einander senkrecht.

Auch der Satz 5, S.3 des Ell.Werkes z.B. ist leicht bewiesen :

13. Zwei Gerade p,q,die sich im Koordinatenanfangspunkt O schneiden,bilden euklidisch und nichteuklidisch einen gleich großen Winkel mit einander.

In der Umgebung des Punktes O gilt ja euklidisch und nichteuklidisch dieselbe Formel des Bogenelementes,(vgl. die Formel (3) für x=y=z=0). In einem Dreieck mit unendlich kleinen Seiten und mit der einen Ecke O gilt dann euklidisch und nichteuklidisch derselbe Kosinussatz der Trigonometrie. Folglich ist der Winkel mit dem Scheitel O euklidisch und nichteukli= disch gleich groß. *)

§ 2.

Allgemeines über die Bewegungen im hyperbolischen Raum.

I. An der Spitze der weiteren Betrachtung steht die Defini= tion:

Eine Bewegung des (x,y,z)-Raumes mit hyperbolischer Maßbestim= mung ist jede projektive Transformation, welche die absolute Fläche in sich überführt.

Bei jeder Bewegung bleiben ersichtlich die Größen der Strecken und Winkel unverändert. Umgekehrt gilt auch 1a. Jede projektive Transformation des (x,y,z)- Raumes, welche alle Strecken oder alle Winkel unverändert läßt, ist eine Bewegung.

Es kommt uns bei der einzelnen Bewegung im allgemeinen nur auf die Anfangs- und Endlage der Punkte an. Wenn wir eine kontinu= irliche Bewegung einmal betrachten, werden wir dies stets beson= ders hervorheben. Auch betrachten wir fernerhin nur reelle Be= wegungen. Die Transformationsgleichungen der Bewegung sind dem= gemäß durch die Formeln mit homogenen Koordinaten x,y,z,w und reellen endlichen Koeffizienten gegeben.

(1a - d)
$$\begin{aligned} \varrho x^* &= a_1x + a_2y + a_3z + a_4w, \\ \varrho y^* &= b_1x + b_2y + b_3z + b_4w, \\ \varrho z^* &= c_1x + c_2y + c_3z + c_4w, \\ \varrho w^* &= d_1x + d_2y + d_3z + d_4w \end{aligned}$$

Es kommt in diesen Formeln ersichtlich nur auf das Verhältnis der Koeffizienten an. Die Determinante der Koeffizienten ist hierbei von O verschieden. Daß bei jeder Bewegung das Innere, bzw. das Äußere der absoluten Fläche je in sich übergeht, ist von vornherein klar.

2. Zwischen den 16 Koeffizienten a_i, b_i, c_i, d_i bestehen nun, da die Gleichung $x^2+y^2+z^2-w^2=0$ ungeändert bleiben soll, (analog wie in der elliptischen Geometrie) wieder zunächst die 10 von ein=

*) Vgl. hier auch in Beziehung zu der Formel (4a) die Projektive Bestimmung des euklidischen Winkels im Satze 13 (Satz von La= guerre) S.9o in meinem in der Anm, S.1 genannten Buche. In ei= ner Ebene durch den Koordinatenanfangspunkt O sind die Tangen= ten von O an den zugehörigen euklidischen Einheitskreis, den Schnitt der Ebene mit der absoluten Fläche, die Minimalgera= den durch den Punkt O.

ander unabhängigen Bedingungsgleichungen

$$(2) \qquad a_i^2+b_i^2+c_i^2-d_i^2 = \varepsilon \neq 0 \text{ für } i = 1,2,3,$$

$$-a_4^2-b_4^2-c_4^2+d_4^2 = \varepsilon \neq 0, \text{ sowie}$$

$$(3) \quad a_1 a_2 + b_1b_2+c_1c_2-d_1d_2 = a_1a_3+b_1b_3+c_1c_3-d_1d_3 = a_1a_4+b_1b_4 +c_1c_4 -d_1d_4 = a_2a_3+b_2b_3+c_2c_3- d_2d_3 = a_2a_4+b_2b_4+c_2c_4-d_2d_4 = a_3a_4+b_3b_4+c_3c_4-d_3d_4 = 0.$$

3. Diese 10 Bedingungsgleichungen sind insbesondere auch die notwendigen und hinreichenden Bedingungen dafür, daß die projektive Transformation mit den Gleichungen (1a-d) eine Bewegung darstellt, d.h. die absolute Fläche in sich überführt.
Wir unterscheiden wieder gleichsinnige und ungleichsinnige Bewegungen, d.h. Bewegungen, bei denen das (x,y,z)- Koordinatensystem in ein hierzu gleichsinniges oder ungleichsinniges projektives (x^*, y^*, z^*) - Koordinatensystem übergeht, (vgl. die Sätze 7 und 8 im Ell. Werk, S.6 und 7.).

4. Es gibt je ∞^6 verschiedene gleichsinnige und ungleichsinnige Bewegungen. Die Gesamtheit aller ∞^6 Bewegungen bildet eine sechsgliedrige Gruppe, die Gesammtheit aller ∞^6 gleichsinnigen Bewegungen eine sechsgliedrige Untergruppe.

5. Die umgekehrte Bewegung zu der Bewegung mit den Transformationsgleichungen (1a-d) wird dann durch die Gleichungen gegeben:

$$(4a\text{-}d) \qquad \begin{aligned} \varrho' x &= a_1 x^* + b_1 y^* + c_1 z^* - d_1 w^*, \\ \varrho' y &= a_2 x^* + b_2 y^* + c_2 z^* - d_2 w^*, \\ \varrho' z &= a_3 x^* + b_3 y^* + c_3 z^* - d_3 w^*, \\ \varrho' w &= a_4 x^* - b_4 y^* - c_4 z^* + d_4 w^* \end{aligned}$$

Wir erhalten z.B. die erste dieser Gleichungen, wenn wir die vier Gleichungen (1a-d) bzw. mit $a_1, b_1, c_1, - d_1$ multiplizieren und dann addieren. Die Aufeinanderfolge der beiden Bewegungen mit den Gleichungen (1a-d) und (4a-d) ergibt natürlich die Identität.

Für die Gleichungen (4a-d) ergeben sich nun analog die fol= genden vier Bedingungsgleichungen

$$(5)\qquad \begin{aligned} a_1^2 + a_2^2 + a_3^2 - a_4^2 &= \varepsilon, \\ b_1^2 - b_2^2 + b_3^2 - b_4^2 &= \varepsilon, \\ c_1^2 + c_2^2 + c_3^2 - c_4^2 &= \varepsilon, \\ - d_1^2 - d_2^2 - d_3^2 + d_4^2 &= \varepsilon, \end{aligned}$$

Die rechten Seiten müssen dieselbe Größe ε wie in den Gleichun= gen (2) besitzen, da ja die Summe der linken Seiten der Glei= chungen (2) und der Gleichungen (5) dieselben Werte, nämlich 4ε, ergeben muß.

Ferner gelten auch die Bedingungsgleichungen

$$(6)\qquad \begin{aligned} & a_1b_1 + a_2b_2 + a_3b_3 - a_4b_4 = a_1c_1 + a_2c_2 + a_3c_3 - a_4c_4 = \\ & a_1d_1 + a_2d_2 + a_3d_3 - a_4d_4 = b_1c_1 + b_2c_2 + b_3c_3 - b_4c_4 = \\ & b_1d_1 + b_2d_2 + b_3d_3 - b_4d_4 = c_1d_1 + c_2d_2 + c_3d_3 - c_4d_4 = 0, \end{aligned}$$

(vgl. auch hier die Sätze 2-5,S.5 und 6 des Ell.Werkes.)

Es ist hier jedoch noch nicht entschieden, ob die Größe ε positiv ist oder auch negativ sein kann.Wir stellen die Be= hauptung auf:

6. <u>Die Größe ε ist stets positiv.</u>

Den Beweis dieser Behauptung werden wir später einfach erbrin= gen,(vgl. den Absatz I des § 6); natürlich werden wir bis dahin von diesem Satz keinen Gebrauch machen.

Es gelten sinngemäß weiter auch in der hyperbolischen Geometrie analoge Betrachtungen und Sätze, wie sie auf den Seiten 6-11 des Ell.Werkes für die elliptische Geometrie ausgeführt sind. Insbesondere gilt hiernach z.B. der Satz:

7. <u>Bei der Bewegung mit den Gleichungen (1a-d) gilt für die Determinante Δ der Koeffizienten stets die Gleichung $\Delta^2 = \varepsilon^4 > 0$</u>

Wir beweisen diesen Satz wie folgt: Die Determinanten der Be= wegungsgleichungen (1a-d) und (4a-d) sind ersichtlich einan= der gleich.

Das Produkt beider Determinanten ist aber nach dem Multiplikationssatze zweier Determinanten *) im Hinblick auf die Bedingungsgleichungen (2) und (3)

$$\begin{vmatrix} a_1 & a_2 & a_3 & a_4 \\ b_1 & b_2 & b_3 & b_4 \\ c_1 & c_2 & c_3 & c_4 \\ d_1 & d_2 & d_3 & d_4 \end{vmatrix} \begin{vmatrix} a_1 & b_1 & c_1 & -d_1 \\ a_2 & b_2 & c_2 & -d_2 \\ a_3 & b_3 & c_3 & -d_3 \\ -a_4 & -b_4 & -c_4 & d_4 \end{vmatrix} = \begin{vmatrix} \varepsilon & 0 & 0 & 0 \\ 0 & \varepsilon & 0 & 0 \\ 0 & 0 & \varepsilon & 0 \\ 0 & 0 & 0 & \varepsilon \end{vmatrix} = \varepsilon^4,$$

übrigens in Übereinstimmung damit, daß die Aufeinanderfolge der Bewegung mit den Gleichungen (1a-d) und der umgekehrten Bewegung mit den Gleichungen (4a-d) die Identität ergibt.

II. Hinsichtlich des Satzes 6 wollen wir aber sogleich noch ausführen: Für die Identität ist $\varepsilon > 0$ und die Determinante der Koeffizienten $\Delta > 0$ für die Spiegelung an der (yz)- Ebene mit den Gleichungen $\rho^* x^* = -x$, $\rho^* y^* = y$, $\rho^* z^* = z$, $\rho^* w^* = w$ ist auch $\varepsilon > 0$ und die Determinante der Koeffizienten $\Delta < 0$. Wenn wir schon jetzt angeben, daß jede gleichsinnige Bewegung, bzw. ungleichsinnige Bewegung von der Identität, bzw. der genannten Spiegelung aus auch in der hyperbolischen Geometrie kontinuirlich erhalten werden kann, wie wir dies ja von der elliptischen Geometrie und der euklidischen Geometrie wissen und wie dies auch sogleich aus unseren Betrachtungen des Abschnittes I im § 6 folgt, dann ist damit der Satz 6 bewiesen, und außerdem ist bei jeder gleichsinnigen Bewegung die Determinante der Koeffizienten $\Delta > 0$, bei jeder ungleichsinnigen Bewegung dagegen $\Delta < 0$. Und wenn wir dann alle Koeffizienten a_i, b_i, c_i, d_i mit dem Faktor $\frac{1}{\sqrt{2}}$ multipliziert denken und die neuen Koeffizienten wieder mit a_i, b_i, c_i, d_i bezeichnen, so gelten dann die Bedingungsgleichungen (2) und (5) für den Wert $\varepsilon = 1$. Die Koeffizienten a_i, b_i, c_i, d_i sind dann bei der einzelnen Bewegung bis auf die gemeinsam zu ändernden Vorzeichen festgelegt.

8. Es ist dann für den Wert $\varepsilon = 1$ ferner gemäß dem Satze 7 bei jeder gleichsinnigen Bewegung $\Delta = +1$, bei jeder ungleichsinnigen Bewegung $\Delta = -1$.

*) Dieser Multiplikationssatz findet sich ja überall in den Lehrbüchern, in denen die Determinantentheorie behandelt wird, z.B. H.v.Mangoldt, Einführung in die höhere Mathematik, Bd.I, 2. Aufl, Leipzig 1921, S.116-120, insbesondere hier die Gleichungen (66) und (67), S. 119.

9. <u>Und wenn bei einer gleichsinnigen, bzw. ungleichsinnigen Bewegung $\Delta = +1$, bzw. -1 ist, so ist stets auch $\varepsilon = 1$.</u>

III. Hierzu bemerken wir noch: Wir denken also eine gleichsinnige Bewegung mit den Gleichungen (1a-d) und dem Werte $\varepsilon = 1$ vorliegend. Die Determinante der Koeffizienten der Bewegungsgleichungen (1a-d) ist ja nun

(7)
$$\Delta = \begin{vmatrix} a_1 & a_2 & a_3 & a_4 \\ b_1 & b_2 & b_3 & b_4 \\ c_1 & c_2 & c_3 & c_4 \\ d_1 & d_2 & d_3 & d_4 \end{vmatrix} = \begin{vmatrix} a_1 & a_2 & a_3 & a_4 \cdot i \\ b_1 & b_2 & b_3 & b_4 \cdot i \\ c_1 & c_2 & c_3 & c_4 \cdot i \\ -d_1 \cdot i & -d_2 \cdot i & -d_3 \cdot i & d_4 \end{vmatrix}$$

Für die Koeffizienten der letzten Determinante gelten aber in Übereinstimmung mit den Gleichungen (2) und (3) für $\varepsilon = 1$ die Bedingungsgleichungen

$$a_i^2 + b_i^2 + c_i^2 + (-a_i . i)^2 = 1 \text{ für } i = 1,2,3,$$

$$(a_4 \cdot i)^2 + (b_4 \cdot i)^2 + (c_4 \cdot i)^2 + d_4^2 = 1 \text{ und}$$

$$a_1 a_2 + b_1 b_2 + c_1 c_2 + (-d_1 \cdot i).(-d_2 \cdot i) = 0 \text{ u.s.w.}$$

(vgl. die Gleichungen (2a) und (3), S,6 und 5 des Ell. Werkes).

Es ist hiernach die letzte Determinante eine <u>orthogonale</u> Determinante. *) Und es gilt auch hiernach für letztere (übrigens wieder auch sogleich nach dem Multiplikationssatze der Determinantentheorie) die Gleichung

---

*) Vgl. hinsichtlich der orthogonalen Determinanten wieder <u>R.Baltzer</u> Theorie und Anwendung der Determinanten, 5.Aufl., Leipzig, 1881, S.187 ff, sowie <u>G. Kowalewski</u>, Einführung in die Determinantentheorie, Leipzig 1909, S. 159 ff.,insbesondere den Satz 42,S.160,(vgl. auch das Ell.Werk,Anm. S.6 und Anm. S.127).

$$(8)\qquad \begin{vmatrix} a_1 & a_2 & a_3 & a_4 . i \\ b_1 & b_2 & b_3 & b_4 . i \\ c_1 & c_2 & c_3 & c_4 . i \\ -d_1 . i & -d_2 . i & -d_3 . i & d_4 \end{vmatrix} = \begin{vmatrix} 1 & 0 & 0 & 0 \\ 0 & 1 & 0 & 0 \\ 0 & 0 & 1 & 0 \\ 0 & 0 & 0 & 1 \end{vmatrix} = 1.$$

§ 3.

Einfachste Bewegungen, insbesondere die polare Drehung längs der x - Achse.

I. Die Gleichungen für die gleichsinnigen Bewegungen der euklidischen Geometrie, welche den Koordinatenanfangspunkt 0 unverändert lassn, stellen wieder auch Bewegungen der Geometrie mit hyperbolischer Maßbestimmung dar. Die zugehörigen Bewegungsgleichungen und weitere Erläuterungen hierzu ergeben sich hier unverändert aus den Ausführungen im Abschnitt I, S. 11-12 des Ell.Werkes. Insbesondere ist auch hier die Drehung um die x-Achse durch den (euklidischen oder nichteuklidischen) Winkel α durch die unhomogenen Gleichungen gegeben

$$(1a-c)\qquad \begin{aligned} x^* &= x \\ y^* &= \cos\alpha . y - \sin\alpha . z, \\ z^* &= \sin\alpha . y + \cos\alpha . z \end{aligned}$$

mit dem Satze 2, S. 12 des Ell.Werkes. Wir können für den Wert α noch die Ungleichungen hinzufügen $0 \leqq \alpha < 2\pi$.

1. Bei jeder dieser Drehungen bleiben die Schnittpunkte (± 1, 0,0,1) der x-Achse und die Schnittpunkte (0,$\pm i$,1,0) der x_1^∞-Achse, der absoluten Polaren der x-Achse oder der euklidisch unendlichfernen Geraden der (y,z)- Ebene, mit der absoluten Fläche einzeln unverändert.

Die Determinante der Gleichungen (1a-c) ist gleich 1. Bei jeder Drehung um die x-Achse bleiben überhaupt alle ihre Punkte und alle Ebenen durch die x_1^∞- Achse einzeln unverändert. Eine spezielle Drehung um die x-Achse ist die Umwendung, d.h. die Drehung um die x-Achse durch den Winkel π. Dann bleiben alle Punkte der x- und x_1^∞ - Achse und alle Ebenen durch sie einzeln unverändert.

2. <u>Alle Drehungen um Achsen durch den Koordinatenanfangspunkt 0 bilden für sich eine dreigliedrige Untergruppe aller gleichsinnigen Bewegungen und alle Drehungen um die x-Achse eine eingliedrige Untergruppe jener Gruppe.</u>

II. Jetzt wollen wir noch eine weitere besondere gleichsinnige Bewegung betrachten, <u>die polare Drehung längs der x-Achse mit der nichteuklidischen Strecke β</u> oder der Drenung um die absolute Polare x_1^{∞} der x-Achse durch den nichteuklidischen Winkel $\beta \cdot i$ als den Parameter mit den Gleichungen

(2a-d)
$$\begin{aligned} \rho \cdot x^* &= \cos h\beta \cdot x + \sin h\beta \cdot w, \\ \rho \cdot y^* &= y, \\ \rho \cdot z^* &= z, \\ \rho \cdot w^* &= \sin h\beta \cdot x + \cos h\beta \cdot w \end{aligned}$$

mit der Determinante $\Delta = \cos h^2\beta - \sin h^2\beta = 1$ und mit den Ungleichungen $-\infty < \beta < +\infty$ (vgl. die Gleichungen (3a-d) des El. Werkes S. 12).

In der Tat bleibt bei dieser projektiven Transformation die absolute Fläche unverändert.

3. <u>Auch die Schnittpunkte der x-Achse und der x_1^{∞}-Achse mit der absoluten Fläche, überhaupt alle Punkte der x_1^{∞}-Achse entsprechen wieder sich einzeln selbst. Auch alle Ebenen durch die x-Achse bleiben einzeln unverändert.</u>

Dem Koordinatenanfangspunkt 0 oder dem Punkte (0,0,0,1) entspricht der Punkt 0^* auf der x-Achse mit der unhomogenen Abszisse $00^* = b = \operatorname{tg} h\beta$. Es ist daher nichteuklidisch die Strecke $00^* = \beta = \operatorname{arc} \operatorname{tg} hb$, (vgl. die Formel (5), S. 2) und also der entsprechende nichteuklidische Winkel der beiden Ebenen durch die absolute Polare x_1^{∞} der x-Achse und je einen Punkt $0, 0^*$ gleich $\beta \cdot i$, (vgl. den Satz 12, S. 5).

Es gilt auch

$$\sin h\beta = \frac{\operatorname{tg} h\beta}{+\sqrt{1 - \operatorname{tg} h^2\beta}} = \frac{b}{+\sqrt{1 - b^2}}, \quad \cos h\beta = \frac{1}{\sqrt{1 - \operatorname{tg} h^2\beta}} = \frac{1}{+\sqrt{1 - b^2}}$$

4. <u>Alle polaren Drehungen längs der x-Achse bilden für sich eine eingliedrige Untergruppe der Gruppe aller gleichsinnigen Bewegungen.</u>

Wir betrachten jetzt <u>die Bahnkurve des Punktes P der y-Achse</u> mit den Koordinaten $x = z = 0$, $y = y_0$, $w = 1$ bei der <u>kontinuierlichen polaren Drehung</u> für den stetig sich vom Werte $\beta = 0$ aus ändernden und zwar zu - oder abnehmenden Parameter β. Es ist dann ja

(3a-d)
$$\varrho \cdot x^* = \sin h\beta,$$
$$\varrho \cdot y^* = y_0,$$
$$\varrho \cdot z^* = 0,$$
$$\varrho \cdot w^* = \cos h\beta$$

oder unhomogen

(3a-c)
$$x^* = \operatorname{tg} h\beta,$$
$$y^* = \frac{y_0}{\cos h\beta}$$

Durch Elimination des Parameters β ergibt sich die Gleichung der Bahnkurve in der (x,y) - Ebene

(4)
$$x^{*2} + \frac{y^{*2}}{y_0^2} = 1.$$

5. Die Bahnkurve ist also in der (x,y) - Ebene euklidisch die Ellipse mit dem Mittelpunkt O und den Halbachsen 1, y_0 auf den (x,y) - Achsen. Diese Ellipse berührt demnach die absolute Fläche oder deren Schnitt in der (x,y) - Ebene in den Punkten $x = \pm 1, y=0$, (Fig. 3a,b).

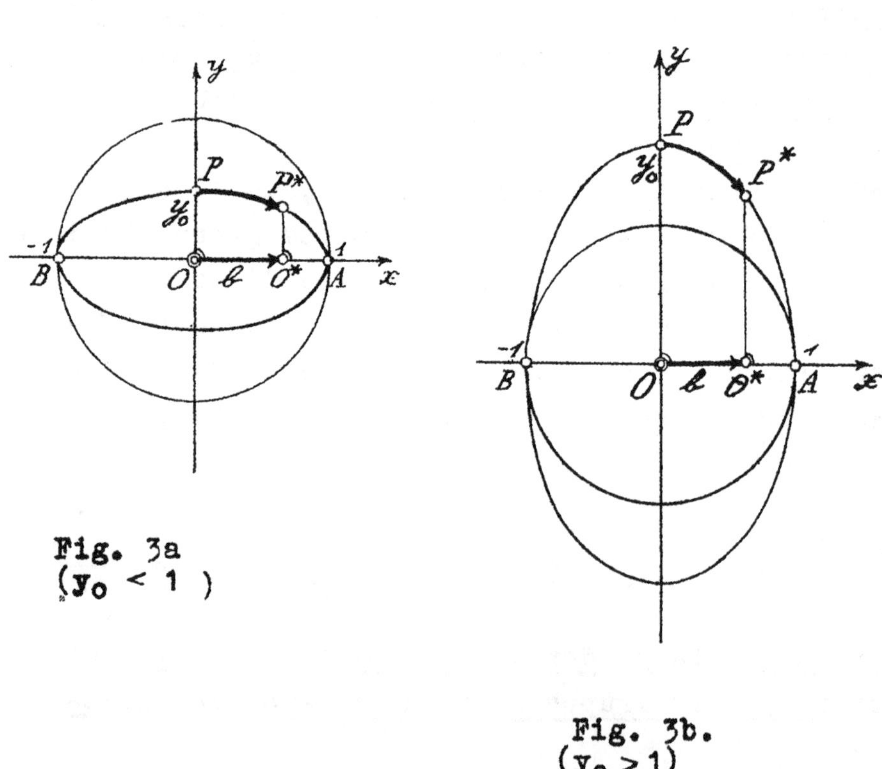

Fig. 3a
($y_0 < 1$)

Fig. 3b.
($y_0 > 1$)

5a. Der nichteuklidische Abstand des Punktes P von der x-Achse bleibt bei der kontinuirlichen Bewegung ja unverändert. Wir werden daher die Bahnkurve die Abstandskurve zu der x-Achse in der (x,y)-Ebene nennen.

Die Abstandskurve ist ein nichteuklidischer Kreis um den euklidisch unendlich fernen Punkt der y-Achse. Die kontinuirliche polare Drehung längs der x- Achse ist im Raum " umdrehungssymme=

trisch" bezüglich der x- Achse ; jede Ebene durch die x- Achse bleibt ja auch im Ganzen unverändert.

6. Der (euklidische oder nichteuklidische) Kreis um den Koordinatenpunkt 0 in der(y,z)- Ebene durch den Punkt $(0,0,y_0)$ beschreibt demnach analog die Abstandsfläche zu der x- Achse, also die Fläche, die sich durch die Rotation der betreffenden Abstandskurve um die x- Achse ergibt, mit der Gleichung

$$(5) \qquad x^{*2} + \frac{y^{*2} + z^{*2}}{y_0^2} = 1,$$

die euklidisch ein bestimmtes Ellipsoid darstellt.

7. Bei der kontinuirlichen Bewegung geht diese Abstandsfläche als Ganzes in sich über.

Wir nennen diese Abstandsfläche auch eine innere Abstandsfläche, da sie zu dem innerhalb der absoluten Fläche gelegenen Teil der x- Achse gehört.

Es gilt auch der gewiß interessante Satz:

Der Winkel $\widehat{APB}$, wo der Scheitel P auf einer inneren und innerhalb der absoluten Fläche gelegenen ebenen Abstandskurve oder Abstandsfläche (Fig. 3a) liegt, hat stets dieselbe reelle Größe, (Satz von der Gleichheit der Peripheriewinkel über der Sehne A,B).

III. Ergänzend zu den bisherigen Ausführungen fügen wir noch hinzu:

Nach den kontinuirlichen Bewegungsgleichungen(2a-d) der polaren Drehung längs der x- Achse bewegt sich ein Punkt P der x-Achse außerhalb der absoluten Fläche bei vom Werte $\beta = 0$ zunehmendem Werte in der negativen Richtung der x- Achse,(vgl. den Satz 4 im § 1). Es bekommt z.B. der euklidisch unendlichferne Punkt O_1^{∞} der x- Achse die unhomogene Abszisse $x^* = \operatorname{ctg} h\beta > 0$ für $\beta > 0$ und es ist nichteuklidisch die Strecke $O_1^{\infty} O_1^* = \beta =$ arc ctg h x^*,(vgl. die Formel(4a) S.3 für $\sigma = \beta$; es sind ja die Punkte O, O_1^{∞}, sowie O^*, O_1^* absolute Pole), Fig. 4.

Ein beliebiger euklidisch unendlichferner Punkt der (x,y)-Ebene, der durch die Gleichung $\frac{y}{x} = c = \operatorname{tg}\varphi$ bestimmt ist, also die homogenen Koordinaten (1,c,0,0) besitzt,beschreibt die Bahnkurve mit den Gleichungen für variablen Wert β

$x^* = \operatorname{ctg} h\,\beta,$

$y^* = \dfrac{c}{\sin h\beta}$

oder mit der Gleichung

$$(6) \quad x^{*2} - \frac{y^{*2}}{c^2} = 1,$$

d. h. euklidisch die bestimmte Hyperbel, welche die absolute Fläche wieder in den Punkten A, B berührt, (Fig. 5).

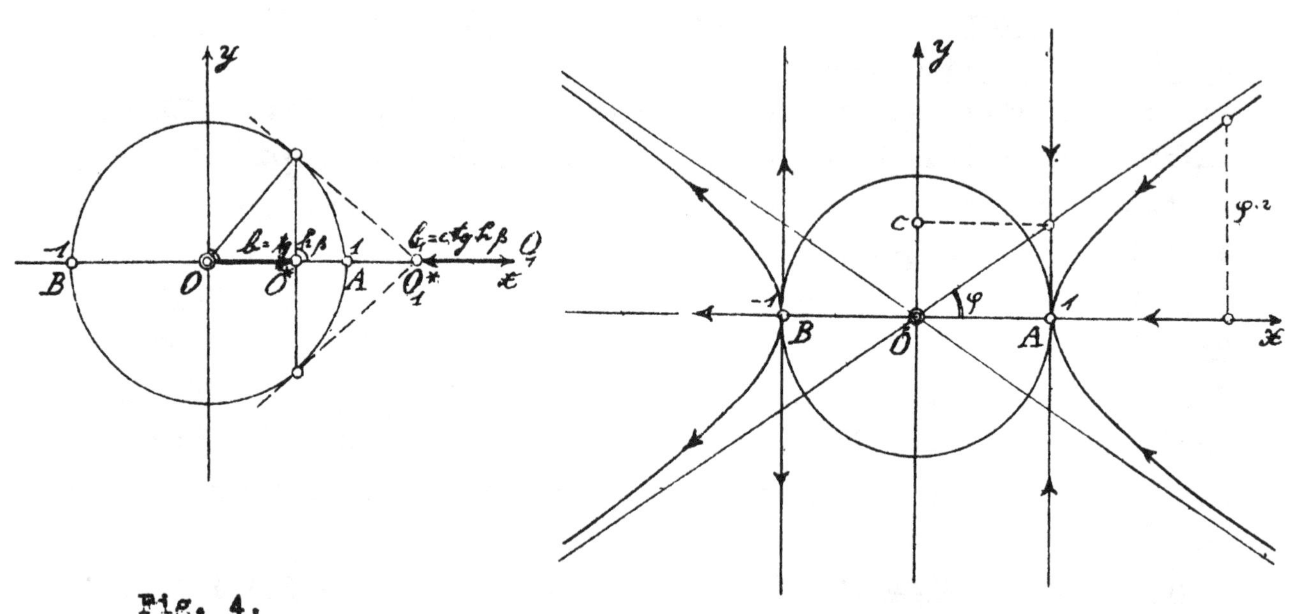

Fig. 4.

Fig. 5.

9. Diese euklidische Hyperbel ist die nichteuklidische äußere Abstandskurve für den nichteuklidischen Abstand φ.i, wo φ der euklidische oder nichteuklidische Neigungswinkel der Asymptoten gegen die x- Achse ist, d.h. die Abstandskurve zu dem außerhalb der absoluten Fläche gelegenen Teil der x- Achse, (Fig. 5; vgl. den Satz 12, S. 5, dem ein hier analoger Satz entspricht).

10. Als Grenzlagen der Abstandskurven von der x- Achse in der (x,y)- Ebene ergeben sich die Tangenten in den Punkten A, B an die absolute Fläche.

11. Durch die Rotation um die x- Achse beschreibt die letztgenannte Abstandskurve zu der x- Achse die äußere Abstandsfläche zu der x- Achse, also euklidisch das zweischalige Rotations=

hyperboloid mit der Gleichung.

$$(7)\quad x^{*2} - \frac{y^{*2} + z^{*2}}{c^2} = 1$$

mit den beiden Ebenen $x = \pm 1$ als Grenzlage.

12. Auch jetzt sind die nichteuklidischen Abstände aller Punkte einer äußeren Abstandsfläche von der x- Achse stets einander gleich, nämlich gleich der Größe $\varphi \cdot i$ (Fig.5).
Den Schnitt jeder inneren oder äußeren Abstandsfläche zu der x- Achse mit einer Ebene durch die x- Achse, bzw. durch die x_1^{∞}- Achse, die absolute Polare der x- Achse, können wir analog wie in dem Ell. Werk wieder als einen (nichteuklidischen) Meridiankreis, bzw. Breitenkreis mit seinem Mittelpunkt in dem Schnittpunkt seiner Ebene mit der x- Achse, bzw. mit der x_1^{∞}- Achse bezeichnen.

IV. Wir wollen jetzt die einzelne, polare Drehung längs der x- Achse für eine beliebige gegebene Strecke $\beta = OO^*$ oder für die euklidische Strecke $O\,O^* = \operatorname{tg} h\beta = b$ noch näher betrachten, und zwar zunächst die Bewegung auf der x- Achse. Diese Bewegung ist ja durch die unhomogene Gleichung festgelegt

$$(8)\quad x^* = \frac{\cos h\beta \cdot x + \sin h\beta}{\sin h\beta \cdot x + \cos h\beta} = \frac{x + \operatorname{tg} h\beta}{\operatorname{tg} h\beta \cdot x + 1} = \frac{x + b}{bx + 1}$$

Aufgabe 1: Wie können wir jetzt für einen beliebigen gegebenen Punkt P auf der x- Achse den Endpunkt P^* bei der Bewegung geometrisch konstruieren ?
Da nichteuklidisch die Strecke $P\,P^* = O\,O^*$ ist, so können wir diese Aufgabe auch in der Form aussprechen: Es soll die nichteuklidische Strecke $O\,O^*$ auf der x- Achse vom Punkte P aus in gegebener Richtung abgetragen werden. Es sind offenbar die Doppelverhältnisse einander gleich $(A\,B\,O\,P) = (A\,B\,O^*\,P^*)$, sodaß wir die einfache Aufgabe der projektiven Geometrie zu lösen haben:
Zu den Punkten A, B, O^* den vierten Punkt P^* so zu konstruieren, daß die genannten Doppelverhältnisse einander gleich sind.
Wir projizieren etwa (Fig.6) die Punkte A,B,O,P von einem Punkte U aus auf eine Hilfsgerade g durch den Punkt B in die Punkte $\bar{A}, B, \bar{O}, \bar{P}$, bestimmen den Schnittpunkt V der Verbindungsgeraden $\bar{A}\,A$ und $\bar{O}\,O^*$ und projizieren auch den Punkt $\bar{P}$ in den gesuchten Punkt P^* auf der x- Achse. -

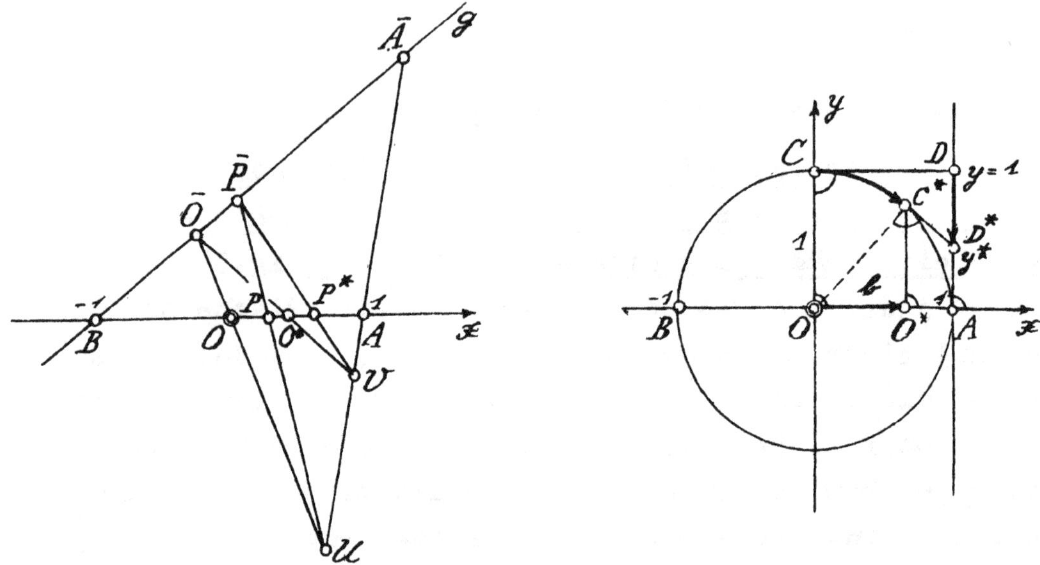

Fig. 6.

Fig. 7.

Wir wollen sogleich noch eine Reihe weiterer Konstruktions=aufgaben lösen, vorerst aber uns noch eine tiefere Einsicht in die geometrischen Verhältnisse der polaren Drehung längs der x- Achse verschaffen. Es gilt zunächst weiter der Satz:

13. <u>Auf jeder Geraden durch den Punkt A in der Ebene x=1 (oder durch den Punkt B in der Ebene x = - 1) ist die Zu=ordnung entsprechender Punkte euklidisch eine Ähnlichkeits=transformation.</u>

Wir brauchen diesen Satz nur für die entsprechenden Punkte der Geraden x=1, z=0 zu beweisen. Es ist dann nach den Be=wegungsgleichungen (2a-d), S. 13

$$(9)\quad \frac{y^*}{y} = \frac{1}{\sin h\beta + \cos\beta} = \frac{\sqrt{1-\mathrm{tg}\, h^2\beta}}{1+\mathrm{tg}\, h\beta} = +\sqrt{\frac{1-\mathrm{tg}\, h\beta}{1+\mathrm{tg}\, h\beta}} = +\sqrt{\frac{1-b}{1+b}} = e^{-\beta} = \vartheta,$$

(vgl. die Formel im §1, Abschnitt II). Das Ähnlichkeitsver=hältnis ist geometrisch durch das Verhältnis $\frac{A\,D^*}{A\,D} = \frac{A\,D^*}{1}$,

also durch die Strecke $A\,D^*$ gegeben, wo D und D^* die Schnittpunkte der Tangenten an den Einheitskreis in den Punkten C, C^* sind (Fig. 7). Auf der Geraden x = - 1,

$z = 0$ ist das Ähnlichkeitsverhältnis analog bestimmt durch

$$e^{\beta} = \frac{1}{\vartheta}.$$

Weiter gilt der Satz:

14. <u>Auf den entsprechenden Geraden $x=x_0$, $\overset{*}{x}=\overset{*}{x}_0$ in einer beliebigen Ebene durch die x- Achse, insbesondere etwa in der (x,y)-Ebene, bilden die entsprechenden Punkte ähnliche Punktreihen.</u>

Dies folgt geometrisch sofort daraus, weil der gemeinsame euklidisch unendlich ferne Schnittpunkt dieser Geraden sich selbst entspricht. Das Ähnlichkeitsverhältnis ist euklidisch insbesondere z.B. für die Geraden $x=x_0=0$, $\overset{*}{x}=\overset{*}{x}_0 = 0\overset{*}{0}$

$$\frac{\overset{*}{y}}{y} = \frac{1}{\cosh\beta} = \sqrt{1-\operatorname{tgh}^2\beta} = \sqrt{1-b^2} = \overset{*}{0}\overset{*}{C} \quad \text{(Fig. 7).}$$

Analog ist auch das euklidische Ähnlichkeitsverhältnis für die Geraden $x=x_0 \neq 0$ und $\overset{*}{x} = \overset{*}{x}_0$ leicht durch die Formel

$$\frac{\overset{*}{y}}{y} = \frac{\sqrt{1-b^2}}{b.x_0+1}$$ zu bestimmen. -

Wir behandeln eine Reihe von elementaren Konstruktionen <u>in der (x,y) - Ebene</u>, die sich aber sofort in entsprechende Konstruktionen in jeder beliebigen anderen Ebene durch die x- Achse, etwa durch die Drehung um die x- Achse, übertragen. Die Strecke $b = \operatorname{tgh}\beta = 0\overset{*}{0}$ ist im Folgenden stets gegeben.

<u>Aufgabe 2:</u> <u>Zu einem beliebigen Punkt P der y- Achse den entsprechenden Punkt $\overset{*}{P}$ zu konstruieren.</u>

Durch die Punkte $0,\overset{*}{0}$ sind in der Fig.8. auch die Punkte $C,\overset{*}{C}$ der absoluten Fläche gegeben und damit der Punkt W als Schnittpunkt der Geraden C, $\overset{*}{C}$ mit der x- Achse und als Schnittpunkt der Geraden P W mit der Geraden $\overset{*}{0}\overset{*}{C}$ der gesuchte Punkt $\overset{*}{P}$. Der Beweis für diese Konstruktion folgt aus dem Satz 13

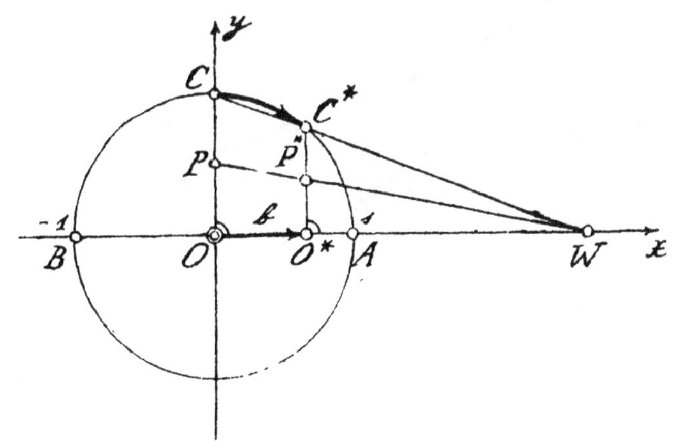

Fig. 8.

und auch einfach daraus, daß projektiv der Einheitskreis, die absolute Kurve, in der (x,y)- Ebene und die zugehörige Abstandskurve für die x- Achse durch den Punkt P (vgl. die Fig.3a) perspektiv affin sind bezüglich der x- Achse.

<u>Aufgabe 3: Zu einem beliebigen Punkt D des absoluten Einheitskreises der (x,y) - Ebene den entsprechenden Punkt D^* und zugleich zu dem Fußpunkt P des Lotes vom Punkt D auf die x- Achse den entsprechenden Punkt P^* zu konstruieren.</u>

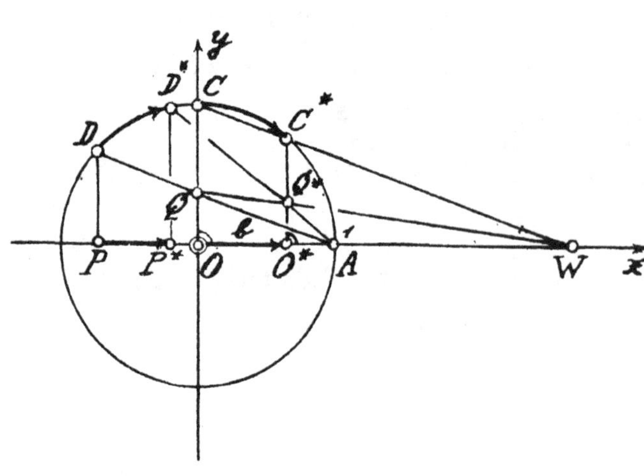

Fig. 9.

Die Gerade CC^* schneidet die x- Achse in dem Ähnlichkeitszentrum W (Fig.9); die Verbindungslinie AD liefert den Punkt Q. Dieser Punkt Q geht in den Punkt Q^* über, die Gerade AD in die Gerade AD^* durch den Punkt Q^*. Hiermit ist aber auch eine andere Lösung der bereits behandelten Aufgabe 1 durchgeführt, (vgl. die Lösung der Fig.6).

<u>Aufgabe 4: Zu einem Punkte P auf der Geraden x=1 den entsprechenden Punkt P^* zu konstruieren.</u>

Es liefert die Gerade CC^* wieder das Ähnlichkeitszentrum W, die Verbindungslinie BP den Punkt F, dieser Punkt F den Punkt F^* und letzterer den Punkt P^*.

<u>Aufgabe 5: Zu einem beliebigen Punkte Q der (x,y)-Ebene den entsprechenden Punkt Q^* zu konstruieren.</u>

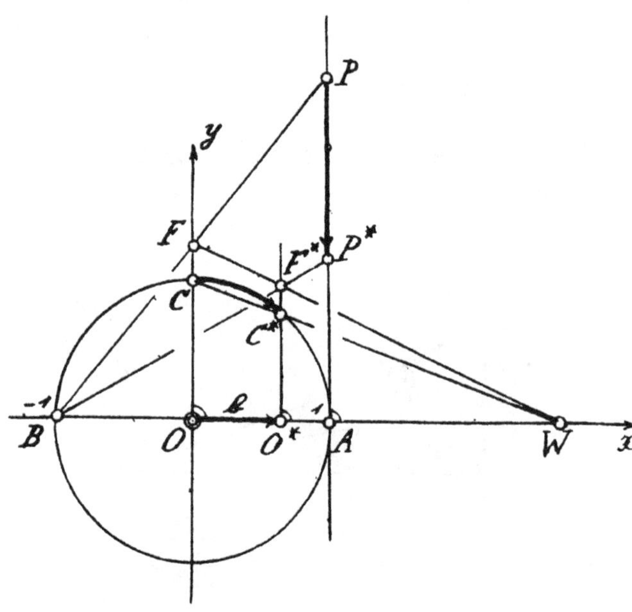

Fig. 10.

Erste Lösung: Wir können in der (x,y)- Ebene die innere, bzw. äußere Abstandskurve zur x- Achse durch den Punkt Q gezeichnet denken, also euklidisch eine Ellipse oder Hyperbel mit der einen Achse AB. Wir konstruieren nun zu dem Fußpunkt P des Lotes QP auf die x- Achse den entsprechenden Punkt P^* der x- Achse und das entsprechende Lot im Punkte P^* zum Lote QP nach der Lösung der Aufgabe 1. Dies Lot im Punkte P^* haben wir endlich noch mit der Abstandskurve in dem gesuchten Punkt Q^* zum Schnitt zu bringen. Die Bestimmung des Punktes Q^* kann leicht analytisch mit der Gleichung der Abstandskurve des Punktes Q erfolgen. Liegt z.B. der Punkt Q im Innern der absoluten Fläche mit positiver y- Koordinate, so gilt für den Punkt Q^* gemäß der Gleichung (4)

(10) $$y^* = \frac{y.\sqrt{1-x^{*2}}}{\sqrt{1-x^2}}$$, wo (x,y) die Koordinaten des Punktes Q und x^* die nach der Gleichung (8) bestimmte Abszisse des Punktes P^* sind. Die Ordinate y^* ist dann auch leicht nach der Gleichung (10) geometrisch zu konstruieren.

Zweite Lösung: Wir fällen wieder das Lot vom Punkte Q auf die x- Achse mit dem Fußpunkt P und konstruieren den entsprechenden Punkt P^* nach der Lösung der Aufgabe 1. Hiermit sind auch die entsprechenden Punkte D, D^*, die Schnittpunkte der absoluten Fläche mit den Loten in den Punkten P, P^* auf die x- Achse, gegeben (vgl. Fig.9). Dann ist nach dem Satz 13 der entsprechende Punkt Q^* zum Punkte Q leicht zu konstruieren.

Dritte Lösung: Es liefert die Gerade CC^* wieder das Ähnlichkeitszentrum W auf der x- Achse (Fig.11a); die Verbindungslinien AQ und BQ liefern die Punkte E,F auf der y- Achse, diese Punkte E,F weiter die Punkte E^*, F^* und diese die Verbindungslinien AE^* und BE^* mit dem gesuchten Schnittpunkt Q^*. Diese Konstruktion gilt auch unverändert, wenn etwa der Punkt Q außerhalb des absoluten Einheitskreises liegt und auch noch für die Abszisse des Punktes Q die Ungleichung $|x_0| > 1$ gilt. Hierzu sei zur Veranschaulichung noch die Fig.11b hinzugefügt. Hiermit ist auch die allgemeine Aufgabe gelöst, wie wir nicht weiter ausführen wollen.

Aufgabe 5a: Zu einem beliebigen Punkte Q_1 des Raumes, insbesondere einem beliebigen Punkte Q_1 der absoluten Fläche, den entsprechenden Punkt Q_1^* zu konstruieren.

Aufgabe 6: Die gegebene euklidische Strecke $OO^* = \operatorname{tg} h\beta = b$ der x- Achse nichteuklidisch zu halbieren.

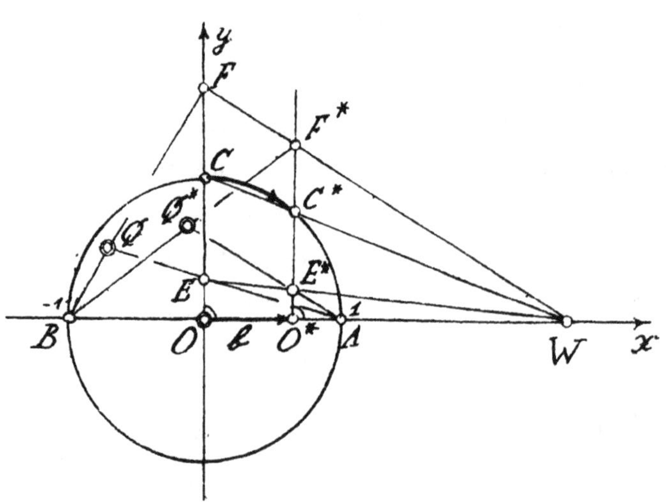

Fig. 11a

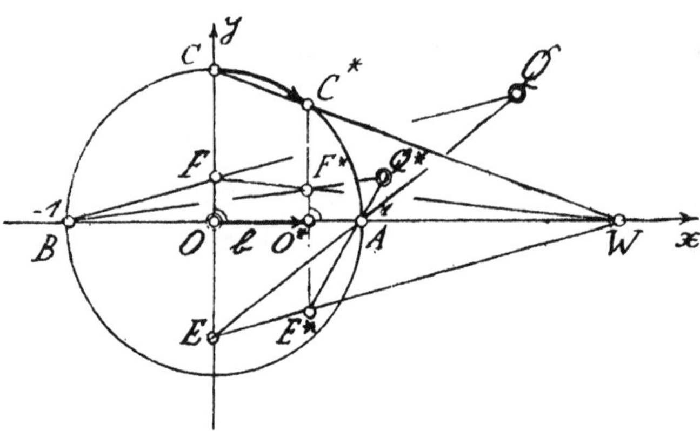

Fig. 11b.

Erste Lösung: Mit den Punkten O,O^* sind auch die Punkte C,C^* auf dem absoluten Einheitskreis und die Punkte P,P^* auf der Geraden $x = 1$ durch die Tangenten in den Punkten C,C^* bestimmt(Fig. 12a).Wir konstruieren auf der Tangente $x=1$ des Punktes A den Punkt L so, daß

$\frac{AL}{AP} = \frac{AP^*}{AL}$ oder $AL^2 = AP.AP^* = AL_0^2$ ist.

Die Tangente des Punktes L an den Einheitskreis ergibt dann den Berührungspunkt N und aus dem Punkte N folgt der Punkt M, sodaß nichteuklidisch $O M = M O^*$ ist. Denn die polare Drehung längs der x- Achse,die den Punkt O in den Punkt M überführt, führt auch den Punkt C in den Punkt N und den Punkt P in den Punkt L über. Die nochmalige Ausführung dieser polaren Drehung aber führt den Punkt L in den Punkt P^*,also den Punkt N in den Punkt C^* und den Punkt M in den Punkt O^* über.

Es ist auch , wenn euklidisch die Strecke $O\,O^* = \text{tg}\,h\beta = b$ ist, die Strecke $OM = \text{tg}\,h\,\frac{\beta}{2} = b_1$ entsprechend der Formel (8), S.17, in der wir $\text{tg}\,h\,\frac{\beta}{2}$ statt $\text{tg}\,h\beta$ und $x = \text{tg}\,h\,\frac{\beta}{2}$ setzen.

<u>Zweite Lösung:</u> Wie wir eben sahen, ist ja euklidisch

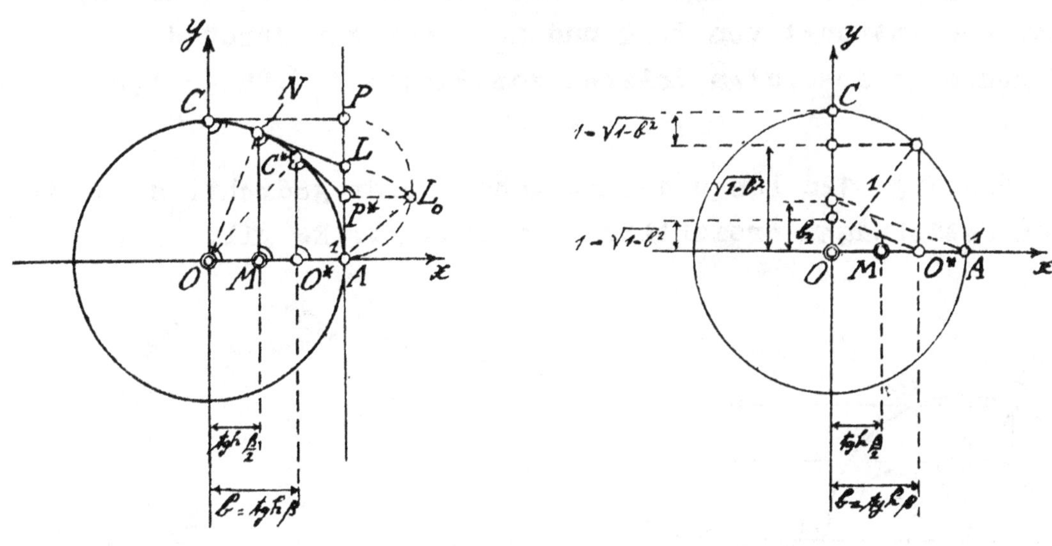

Fig. 12a

Fig. 12b

$$OO^* = \text{tg}\,h\beta = b = \frac{2\text{tg}\,h\frac{\beta}{2}}{1+\text{tg}\,h^2\frac{\beta}{2}} = \frac{2\,b_1}{1+\,b_1^2} \quad \text{oder}$$

$$(11) \quad b_1 = \frac{1-\sqrt{1-b^2}}{b}\,,$$

wo hier das angegebene Wurzelvorzeichen gilt, da $\frac{1}{|b|} = \frac{1}{|\text{tg}\,h\beta|} > 1$ und $|b_1| = |\text{tg}\,h\frac{\beta}{2}| < |b| < 1$ ist. Nach der Gleichung (11) ist aber die euklidische Strecke b_1 leicht zu konstruieren,(Fig. 12b).

<u>Dritte Lösung:</u> Sie ist besonders einfach; wir wollen sie auch sogleich allgemeiner ausführen, nämlich für die

<u>Aufgabe 6a:</u> <u>Eine gegebene Strecke PQ auf dem inneren Teil der x- Achse zu halbieren.</u>

Es seien zunächst einmal solche zwei Punkte P,Q der x- Achse gegeben, die gleichen euklidischen und nichteuklidischen Abstand vom Punkte O haben (Fig. 12c). Hierzu seien die Punktepaare P_1, P_2 und Q_1, Q_2 gezeichnet als Schnittpunkte der Senkrechten zur x-

Achse mit dem absoluten Einheitskreis in der (x,y)- Ebene. Dann liegt der Mittelpunkt O=M der inneren Strecke P Q ja auf der Verbindungslinie P_1 Q_2 oder Q_1P_2. Analog ist der eukli= disch unendlich ferne Schnittpunkt $O_1^{\infty} = M_1^{\infty}$ von P_1 Q_1 oder P_2 Q_2 mit der x- Achse der Mittelpunkt der äußeren Strecke $\bar{P}$ $\bar{Q}$, wo $\bar{P}$,$\bar{Q}$ die absoluten Pole zu den Punkten P,Q auf der x- Achse sind. (Es liegt übrigens auch der Schnittpunkt von P_1 Q und Q_1P und der Schnittpunkt von P_2 Q und Q_2 P auf der durch den Punkt M gehenden absoluten Polaren vom Punkte M_1^{∞}, hier der y- Achse).

Wird nun die Fig. 12c längs der x- Achse polar gedreht, so blei= ben diese Beziehungen ersichtlich unverändert. Es gilt jetzt

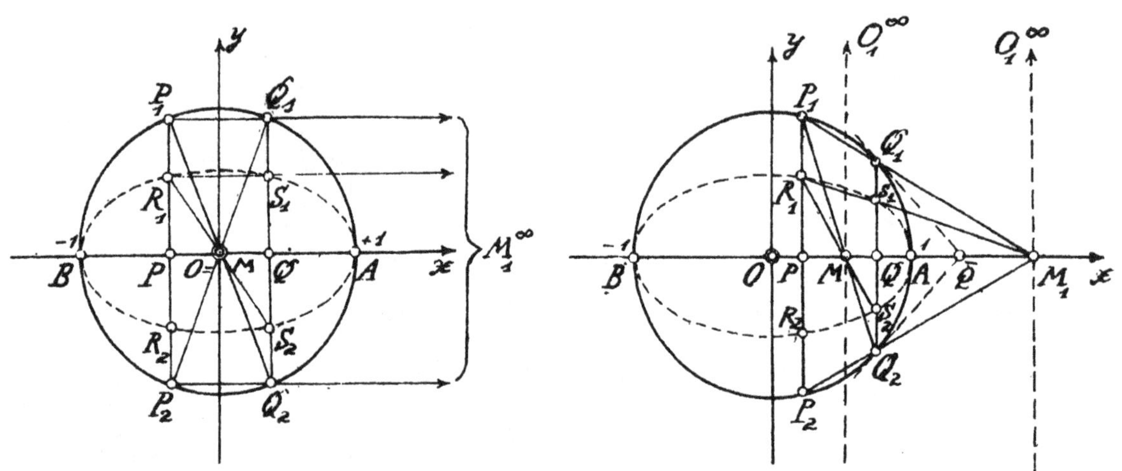

Fig. 12c. Fig. 12d.

die neue Figur 12d. Diese gibt uns sofort die Lösung der Auf= gabe 6a. In dieser Figur ist wieder der Punkt M die nichteu= klidische Mitte der Strecke P Q und der Punkt M_1, der absolute Pol der Senkrechten zur x- Achse im Punkte M, die nichteukli= dische Mitte der äußeren Strecke $\bar{P}$ $\bar{Q}$, wo wieder die Punkte $\bar{P}$,$\bar{Q}$ die absoluten Pole zu den Punkten P,Q auf der x- Achse sind. Sind ferner R_1,R_2 und S_1,S_2 je zwei Punkte mit gleichem Abstand vom Punkte P und Q auf ihren Loten zur x- Achse, so geht auch die Verbindungslinie R_1 S_2 oder R_2 S_1 durch den Mittelpunkt M und die Verbindungslinie R_1 S_1 oder R_2 S_2 durch den Mittel= punkt M_1. Auch ist das Dreieck O_1^{∞} M M_1 der Fig. 12d ein absolu= tes Polardreieck. Natürlich enthält die Fig. 12d sogleich auch die Lösung der Aufgabe: <u>Die gegebene Strecke P M der x- Achse</u>

<u>über den Punkt M hinaus nichteuklidisch zu verdoppeln</u>, sodass al= so nichteuklidisch P M = M Q ist.(Analoges gilt wieder für die Lösungen der Figuren 12a,b).

V. Wir stellen noch folgenden Satz auf:

15. <u>Die polare Drehung längs der x- Achse durch den Winkel β. i oder durch die euklidische Strecke $O\,O^* = \text{tg h}\beta = b$ ist die Auf= einanderfolge der euklidischen und nichteuklidischen Spiegelung an der (y,z) - Ebene und der nichteuklidischen Spiegelung an der (zur x- Achse euklidisch und nichteuklidisch) senkrechten Ebene $\mathfrak{M}$ mit der Gleichung $x = \text{tg h}\frac{\beta}{2}$,</u> (Fig. 13).

Die Spiegelung an der (y,z)- Ebene (oder die Spiegelung an dem ab= soluten Pol O_1^∞ dieser) ist ja eine <u>ungleichsinnige</u> Bewegung und wird durch die Gleichungen mit der Determinante $\Delta_I = -1$ gegeben:

$$(12)\qquad \begin{aligned} \rho_I \cdot x_I &= -x,\\ \rho_I \cdot y_I &= y,\\ \rho_I \cdot z_I &= z,\\ \rho_I \cdot w_I &= w \end{aligned}$$

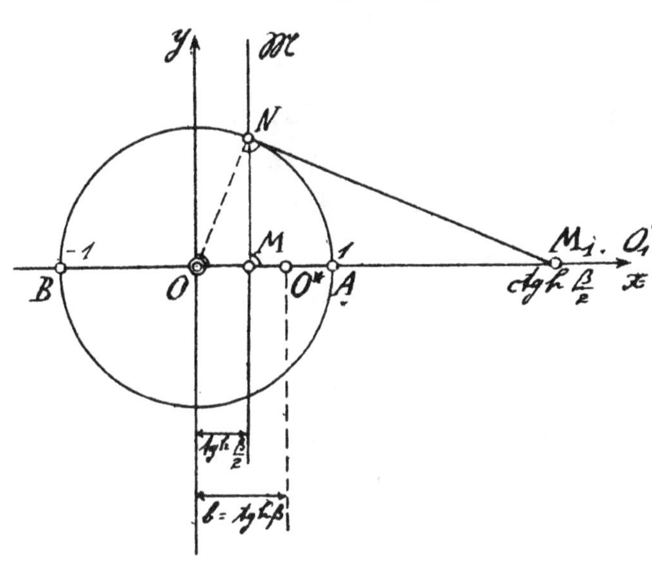

Fig. 13.

Und die Spiegelung an der Ebe= ne $x = \text{tg h}\,\frac{\beta}{2}$ (oder die Spie= gelung an dem absoluten Pol M_1 dieser Ebene), ebenfalls eine ungleichsinnige Bewe= gung, ist die involutori= sche Zentralkollineation mit der genannten Ebene $\mathfrak{M}$ als Kol= lineationsebene und ihrem ab= soluten Pol M_1 als Zentrum und wird durch die Bewegungs= gleichungen gegeben

$$(13)\qquad \begin{aligned} \rho^* \cdot \overset{*}{x} &= -\cos h\beta \cdot x_I + \sin h\beta \cdot w_I,\\ \rho^* \cdot \overset{*}{y} &= y_I,\\ \rho^* \cdot \overset{*}{z} &= z_I,\\ \rho^* \cdot w &= -\sin h\beta \cdot x_I + \cos h\beta \cdot w_I. \end{aligned}$$

In der Tat geht ja bei dieser Bewegung jeder Punkt $(x_I, y_I, z_I, w_I) = (\text{tg h}\,\frac{\beta}{2}, y_I, z_I, 1)$ der Ebene $\mathfrak{M}$ in sich über und ebenso der abso= lute Pol M_1 der Ebene $\mathfrak{M}$ mit den Koordinaten $(\text{ctg h}\,\frac{\beta}{2}, 0, 0, 1)$.

Auch vertauschen sich die Punkte A,B mit den Koordinaten (1,0,0,1) und (- 1,0,0,1) gegenseitig, wobei die Punkte A,B zu den Punkten M, M_1 harmonisch liegen. Die Aufeinanderfolge der beiden Bewegungen mit den Gleichungen (12) und (13) ergibt aber in der Tat die Bewegung mit den Gleichungen (2a-d), S.13. Als Ergänzung können wir noch die Variation des Satzes 14 anführen:

16. <u>Die polare Drehung längs der x- Achse durch den Winkel β. i oder durch die nichteuklidische Strecke $0\,0^* = \text{tg}\,h\beta = b$ ist die Aufeinanderfolge der euklidischen oder nichteuklidischen Spiegelung am Punkte 0 und der nichteuklidischen Spiegelung am Punkte M der x- Achse mit der Abszisse $x = \text{tg}\,h\,\frac{\beta}{2}$ (Fig.14).</u>

Die letztgenannte Spiegelung ist auch die Spiegelung an der Ebene $\mathfrak{M}_1$ mit der Gleichung $x = \text{ctg}\,h\,\frac{\beta}{2}$ oder die involutorische Zentralkollineation mit dieser Ebene als Kollineationsebene und dem Punkte M als Zentrum, (vgl. das Ell. Werk, Abschnitt IV nebst Anm. S.47 ff).

Die Sätze 14 und 15 geben uns auch eine neue Möglichkeit, leicht zu jedem Punkte Q den entsprechenden Punkt Q^* zu konstruieren, der durch die polare Drehung längs der x- Achse durch den bestimmten Winkel β. i hervorgeht, wo die Größe β durch die euklidische Strecke $0\,0^* = \text{tg}\,h\beta = b > 0$ geometrisch gegeben ist. Es ist dann zunächst der Punkt M auf der x- Achse, die nichteuklidische Mitte der Strecke $0, 0^*$, zu konstruieren, wie dies in der Aufgabe 6 ausgeführt ist.

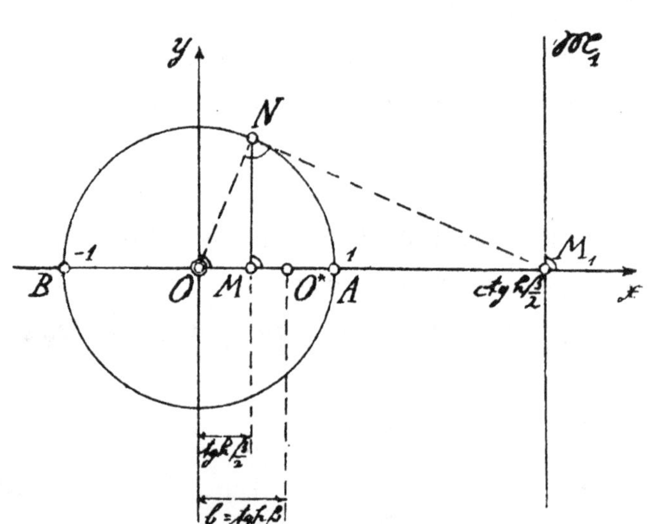

Fig. 14.

§ 4 .

<u>Die Schraubung längs der x- Achse und die zugehörigen Schraubenlinien.</u>

I. Wir behandeln jetzt weiter die einzelne Bewegung, die sich aus der (übrigens vertauschbaren) Aufeinander=

folge der beiden Bewegungen mit den Gleichungen(1a-c) und (2a-d) des § 3 für bestimmte Werte α, β mit den Ungleichungen $0 \leq \alpha < 2\pi$ und $-\infty < \beta < +\infty$ ergibt. Eine solche Bewegung hat die Gleichungen mit der Determinate $\Delta = 1$

(1a-d)
$$\begin{aligned} \rho^{*} . x^{*} &= \cos h \beta . x + \sin h \beta . w, \\ \rho^{*} . y^{*} &= \cos \alpha . y - \sin \alpha . z, \\ \rho^{*} . z^{*} &= \sin \alpha . y + \cos \alpha . z, \\ \rho^{*} . w^{*} &= \sin h \beta . x + \cos h \beta . w. \end{aligned}$$

Wir nennen eine solche Bewegung <u>eine Schraubung längs der x- Achse</u>; sie ist natürlich auch als eine Schraubung längs der x_1^{∞}- Achse zu bezeichnen.

1. <u>Alle Schraubungen längs der x- Achse bilden ersichtlich eine zweigliedrige Untergruppe aller gleichsinnigen Bewegungen.</u> Ist insbesondere $\alpha = \beta = 0$, so liegt die Identität vor.

2. <u>Die Bewegung, bei der sowohl die x- Achse wie die x_1^{∞} - Achse punktweise in sich übergehen, ist abgesehen von der Identität, die Umwendung um die x- Achse.</u>
Die Umwendung haben wir bereits im Abschnitt I des § 3 erwähnt; es ist dann ja $\alpha = \pi$, $\beta = 0$.
Jede Senkrechte zur x- Achse, die ja zugleich eine Senkrechte zur x_1^{∞} - Achse ist, geht in sich über. Diese Umwendung ist eine involutorische Bewegung, d.h. ihre zweimalige Anwendung ergibt die Identität. -

Bei jeder Schraubung bleiben die Schnittpunkte der x- Achse und der x_1^{∞} - Achse mit der absoluten Fläche, also die Punkte $x = \pm 1$, $y = z = 0$, $w = 1$ und $x = w = 0$, $y = \pm i$, $z = 1$, einzeln unverändert; die Schraubung ist eben eine gleichsinnige Bewegung. Die (imaginären) Verbindungslinien k,m des Punktes(1,0,0,1) mit jedem der beiden Punkte (0,1, $\pm$ i, 1) sind <u>Erzeugende der absoluten Fläche</u> und damit ist jede zu sich selbst absolut polar. Sie sind ja die Schnittgeraden der Tangentialebene $x = 1$ mit der absoluten Fläche und sind euklidisch die in der Tangentialebene liegenden <u>Minimalgeraden</u> durch den Punkt $x = 1$ entsprechend den für sie gültigen Gleichungen $x = 1$, $y \pm z . i = 0$, also auch zu einander konjugiert imaginär. Analoges gilt für die Verbindungslinien l, n des Punktes (-1,0,0,1) mit den Punkten

$(0,1,\pm i,1)$. Durch die Schraubung gehen die Geraden k, l, m, n in den Tangentialebenen $x=\pm 1$ einzeln in sich über, (vgl. die Tabelle S. 22 des Ell. Werkes und die Bemerkungen dazu).

II. Jede Ebene durch die x- Achse wird durch die Schraubung längs der x- Achse um diese durch den Winkel α gedreht und analog jede allgemeine Ebene durch die x_1^{∞}- Achse um diese durch den Winkel $\beta \cdot i$; während die Tangentialebenen durch die x_1^{∞}- Achse an die absolute Fläche sich einzeln im Ganzen selbst entsprechen. Bei den beiden einander entsprechenden Ebenen durch die x- Achse können wir ihren Winkel α als den euklidischen oder nichteuklidischen Winkel der Schnittlinien der Ebenen mit einer beliebigen zur x- Achse senkrechten Ebene wählen.

3. Der Winkel α ist übrigens auch gleich dem euklidischen Winkel α_0 der Schnittlinien p, q der beiden Ebenen mit der Tangentialebene $x = 1$ (oder $x=-1$). Dieser Winkel α_0 ist projektiv-euklidisch gleich $\frac{1}{2} \cdot \log(\,k\ m\ p\ q\,)$ *).

Wir wollen gleich hier die für uns noch wichtige Verallgemeinerung dieses Satzes anschließen. Wenn wir später durch irgend eine Bewegung zwei Ebenen $\mathcal{E}_1, \mathcal{E}_2$ durch die x-Achse in zwei andere Ebenen $\mathcal{E}_1^*, \mathcal{E}_2^*$ überführen, so ist ersichtlich der Winkel α der Ebenen $\mathcal{E}_1, \mathcal{E}_2$ gleich dem entsprechenden nichteuklidischen Winkel der Ebenen $\mathcal{E}_1^*, \mathcal{E}_2^*$. Nun aber geht durch die Bewegung die Tangentialebene des Punktes A an die absolute Fläche in die Tangentialebene des entsprechenden Punktes A^* über und die Erzeugenden der absoluten Fläche in der Tangentialebene des Punktes A in die Erzeugenden in der Tangentialebene des entsprechenden Punktes A^*. Da aber letztere wieder die Minimalgeraden in der Tangentialebene des Punktes A^* durch diesen Punkt sind, so gilt, wie wir wohl leicht erkennen, der Satz :

4. Der nichteuklidische Winkel α zweier beliebiger Ebenen $\mathcal{E}_1, \mathcal{E}_2$ mit einer eigentlichen (d.h. die absolute Fläche reell schneidenden) Schnittgeraden g ist gleich dem euklidischen Winkel der Schnittlinien der Ebenen $\mathcal{E}_1, \mathcal{E}_2$ mit der Tangentialebene des Punktes A^*, des einen Schnittpunktes der Geraden g mit der absoluten Fläche.

*) Vgl. die projektive Deutung des euklidischen Winkels in meinem Buch: Projektive und nichteuklidische Geometrie, Bd. II Leipzig 1931, Satz 13, S. 90).

Denn dieser euklidische Winkel ist ersichtlich gleich dem euklidischen Winkel α_0 des Satzes 3. Wir haben hier natürlich unseren späteren Betrachtungen ein wenig vorgegriffen.

III. Im Hinblick auf die Sätze 15, S.25 und 16, S.27 können wir z.B. den allgemeinen Satz (mit seinen besonderen Fällen für α =0 und für β= 0) aussprechen:

5. Die Schraubung längs der x- Achse durch den Winkel α und durch die Strecke $OO^* = \operatorname{tg} h\, \beta$ ist die Aufeinanderfolge von vier nichteuklidischen Spiegelungen an Ebenen (involutorischen Zentralkollineationen), nämlich der euklidischen oder nichteuklidischen Spiegelung an der (x,y) - Ebene, der euklidischen oder nichteuklidischen Spiegelung an der Ebene $\mathfrak{E}_1$ mit der Gleichung $z = y \cdot \operatorname{tg} \frac{\alpha}{2}$, der euklidischen oder nichteuklidischen Spiegelung an der (y,z)- Ebene und endlich der nichteuklidischen Sp. an der Ebene $\mathfrak{E}_2$ mit der Gleichung $x = \operatorname{tg} h \frac{\beta}{2}$, wobei das erste Paar und das letzte Paar der Spiegelungen mit einander vertauschbar sind, (Fig.15).

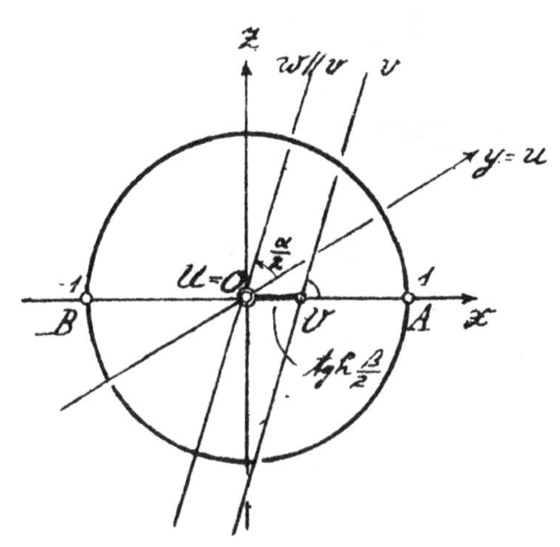

Fig. 15.

Die Aufeinanderfolge der beiden ersten Spiegelungen ergibt die Drehung um die x- Achse durch den Winkel α und die Aufeinanderfolge der beiden letzten Spiegelungen die polare Drehung längs der x- Achse durch die Strecke $O\,O^* = \operatorname{tg} h\, \beta$.

Die Aufeinanderfolge der beiden mittleren Spiegelungen mit zu einander senkrechten Spiegelungsebenen durch den Koordinatenanfangspunkt O ist aber auch vertauschbar, d.h. unsere Schraubung ist auch gleich der Aufeinanderfolge der vier Spiegelungen an der (x,y) - Ebene, der (y,z) - Ebene, der Ebene $\mathfrak{E}_1$ oder $z=y \cdot \operatorname{tg} \frac{\alpha}{2}$ und der Ebene $\mathfrak{E}_2$ oder $x = \operatorname{tg} h \cdot \frac{\beta}{2}$. Die Aufeinanderfolge der beiden ersten Spiegelungen mit aufeinander senkrechten Spiegelungsebenen ist gleich der Umwendung um die Schnittlinie y = u dieser Ebenen und die Aufeinanderfolge der beiden letzten Spiegelungen mit ebenfalls auf einander senkrechten Spiegelungsebenen ist gleich der Umwendung um die zur x-Achse senkrechte Schnittlinie dieser Ebenen, d.h. also

6. <u>Die Schraubung längs der x-Achse durch den Winkel α und durch die Strecke OO^* = tg h β ist die Aufeinanderfolge der beiden Umwendungen um die beiden zur x-Achse senkrechten Geraden y = u und v mit den Fußpunkten U = O und V, wo euklidisch UV = tg h $\frac{\beta}{2}$ und der Winkel der Ebenen (x, u) und (x, v) gleich $\frac{\alpha}{2}$ ist.</u> (Fig.15).

Wir fügen in der Fig. 15 noch die euklidische Parallele w zur Geraden v durch den Koordinatenanfangspunkt O hinzu. Die Geraden u, w liegen in einer Ebene durch die x_1^∞-Achse und die Gerade v, w in einer Ebene durch die x-Achse. Es ist dann die Drehung um die x-Achse durch den Winkel α auch die Aufeinanderfolge der Umwendungen um die (u, w) - Achsen und die polare Drehung längs der x-Achse durch den Winkel β. i auch die Aufeinanderfolge der Umwendungen um die (w, v) - Achsen.

6a. <u>Um den Satz 6 zu verallgemeinern, können wir nun die ganze Figur beliebig um die x-Achse gedreht und längs der x-Achse polar gedreht denken.</u>

Wir können also etwa die u-Achse als <u>beliebige</u> Senkrechte zur x-Achse wählen, z.B. auch als die z-Achse.

7. <u>Analoge Sätze gelten natürlich auch in der elliptischen und euklidischen Geometrie.</u>

Hier können wir noch dem Fall der Schiebung längs der x-Achse in der elliptischen Geometrie als der gegebenen Bewegung unsere besondere Aufmerksamkeit widmen. Bei der Übertragung der Fig. 15 auf die elliptische Geometrie führt dann die Aufeinanderfolge der Umwendungen um die Geraden u, v in diesem Falle, wo $\beta = \pm\alpha$ ist, in der Tat jede Cliffordsche Parallele zur x-Achse gleichsinnig in sich über, (vgl. in dem EII. Werke insbesondere den Abschnitt II, S. 24 ff mit dem Satze 10, S. 25).

Die Senkrechten u, v zur x-Achse sind ja auch zugleich gemeinsame Senkrechte zu ∞^1 Cliffordschen Parallelen zur x-Achse.

IV. Wir wollen jetzt die Bahnkurven der einzelnen Raumpunkte bei der kontinuirlichen Schraubung längs der x- Achse mit dem Werte $\frac{\beta}{\alpha} = \gamma$ betrachten, wo γ eine positive von 0 und ∞ verschiedene Zahl sei und die Paramter α, β kontinuirlich von dem Werte $\alpha = 0$, $\beta = 0$ sich ändern, wobei α zu - oder abnimmt. (Für $\gamma = 0$, bzw. ∞ ist ja $\beta = 0$, bzw. $\alpha = 0$, die Schraubung also einfach die Drehung, bzw. polare Drehung um die x- Achse). Je nachdem $\alpha \gtrless 0$ ist, ist jetzt also auch $\beta \gtrless 0$. Wir sprechen dann von einer positiven kontinuirlichen Schraubung, im Gegensatz zu der negativen kontinuirlichen Schraubung, bei der γ negativ ist, also für $\alpha \gtrless 0$ dann $\beta \lessgtr 0$ ist, (vgl. die analogen Verhältnisse bei einer Schraubung um die x- Achse in der euklidischen Geometrie).

8. Es gibt für jeden Wert $\gamma > 0\infty^{2}$ positiv verschraubte Schraubenlinien mit der x- Achse, die einzeln durch ihren Schnittpunkt in der (y,z)- Ebene oder in der euklidisch unendlich fernen Ebene bestimmt sind und das ganze geometrische Weltall mit hyperbolischer Maßbestimmung und seinen eigentlichen und uneigentlichen Punkten erfüllen.

Wir können demgemäß ersichtlich sogleich uns damit begnügen, den Punkt P, der die Bahnkurve beschreibt, in der Anfangslage P_0 entweder in der z- Achse zu wählen mit den Koordinaten $(0,0,z_0)$, wo noch $0 < z_0 < +\infty$ ist, oder in der absoluten Polaren der z- Achse, d.h. in der euklidisch unendlichfernen Geraden der (x,y) - Ebene mit den Koordinaten $(1,y_0,0,0)$, wo für y_0 die Ungleichungen $0 < y_0 < +\infty$ gelten . (In dem speziellen Falle $z_0 = 0$ bzw. $+\infty$ oder $y_0 = 0$ bzw. $+\infty$ wird ja vom Punkte P_0 die x- Achse, bzw. x_1^{∞} - Achse beschrieben).

9. Die Bahnkurve des Punktes P_0 liegt dann im ersten Falle auf der zugehörigen inneren, im zweiten Falle auf der zugehörigen äußeren Abstandsfläche für die x- Achse, (vgl. S.15 und Satz 11, S.16). Wir nennen die Bahnkurve selbst entsprechend eine äußere oder eine innere. Die Bahnkurve ist stets eine transcendente Kurve.

V. Wir betrachten weiter zunächst den ersten Fall. Gemäß den Gleichungen (1a-d) gelten dann unhomogen die folgenden Gleichungen für die Bahnkurven der Anfangspunkte P_0 mit den Koordinaten $(0,0,z_0)$, mit dem Parameter α, wo die Größe $\gamma > 0$ gewählt sei,

$$(2a\text{-}c)\quad x = \operatorname{tg} h\,\beta = \operatorname{tg} h\,(\alpha.\gamma),$$

$$y = -\frac{\sin\alpha}{\cos h\beta}\cdot z_0 = -\frac{\sin\alpha}{\cos h(\alpha.\gamma)}\cdot z_0$$

$$z = \frac{\cos\alpha}{\cos h\beta}\,z_0 = \frac{\cos\alpha}{\cos h\,(\alpha.\gamma)}\cdot z_0.$$

10a. Die einzelne Schraubenlinie ist ersichtlich zur z - Achse symmetrisch. Ihr Teil für $x \geq 0$, bzw. $x \leq 0$ wird von dem Anfangspunkt P durch die Schraubung für positive, bzw. negative Werte α, β beschrieben. Sie ist auch nichteuklidisch eine isogonale Trajektorie aller Breitenkreise oder aller Meridiane auf der zugehörigen inneren Abstandsfläche.

10 b. Durch die kontinuirliche Schraubung wird die ganze Schraubenlinie in sich verschoben; sie ist eben die Bahnkurve jedes einzelnen ihrer Punkte.

11. Der euklidische und nichteuklidische Winkel χ unter dem die Schraubenlinie den Meridiankreis in der (x,y) - Ebene schneidet, ist durch die Gleichung $\operatorname{tg}\chi = \left(\frac{dy}{dx}\right)_{\alpha=0} = -\frac{z_0}{\gamma}$ gegeben. Die Tangente der Schraubenlinie im Anfangspunkt $(0,0,z_0)$ steht ja auch zur z-Achse euklidisch und nichteuklidisch senkrecht.

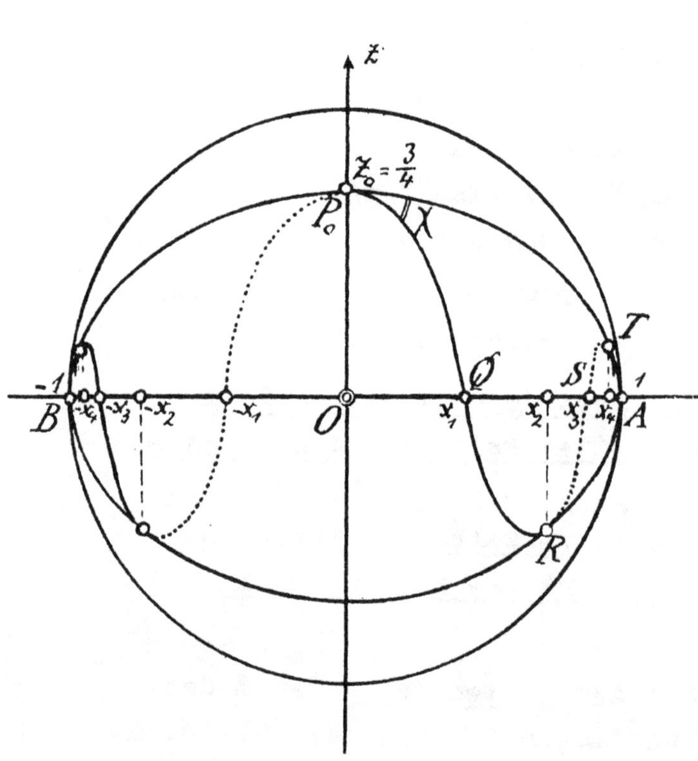

Fig. 16a.

12. Die Schraubenlinie liegt (außer auf der Abstandsfläche) auch auf der geradlinien transzendenten Fläche $x = \operatorname{tg} h\,(\alpha.\gamma)$, $y = -\operatorname{tg}\alpha$.

Die Fig. 16a gibt die Schraubenlinie des Punktes $(0,0,z_0) = (0,0,\frac{3}{4})$ für den Wert $\gamma = 0{,}3$ in ihrer Projektion auf die (x,z)-Ebene; der unterhalb der (x,z)- Ebene gelegene Teil der Kurve ist punktiert. Auch ist die zugehörige Ab=

standsfläche angegeben. Die Projektionskurve hat die Gleichungen mit dem Parameter α

$$x = \operatorname{tg} h\,(\alpha .\, 0{,}3),$$

$$z = \frac{\cos \alpha}{\cos h\,(\alpha . 0{,}3)} \cdot \frac{3}{4}$$

Sie ist, wie wir wissen, zur z - Achse symmetrisch. Für die Werte

$\alpha_1 = \pm \frac{\pi}{2}$, $\alpha_2 = \pm\pi$, $\alpha_3 = \pm \frac{3\pi}{2}$, $\alpha_4 = \pm 2\pi$ ergeben sich die Abszissen $x_1 = \pm\, 0{,}439$, $x_2 = \pm\, 0{,}736$, $x_3 = \pm\, 0{,}888$, $x_4 = \pm\, 0{,}954$. (Diese Werte ergibt ohne weiteres die Zahlentafel in dem in der Anm. S. 3 genannten Werke: Jahnke - Emde, S. 60).

Die Projektion der Schraubenlinie auf die (y,z) - Ebene hat die Gleichungen mit dem Parameter α

$$y = -\frac{\sin \alpha}{\cos h\,(\alpha . 0{,}3)} \cdot \frac{3}{4}$$

$$z = \frac{\cos \alpha}{\cos h\,(\alpha . 0{,}3)} \cdot \frac{3}{4}$$

oder in Polarkoordinaten $r\,\varphi$ mit der z - Achse als Polarachse für $\varphi = 0$

$$r = \frac{1}{\cos h\,(\alpha . 0{,}3)} \cdot \frac{3}{4}, \quad \varphi = \alpha \text{ oder}$$

$$r = \frac{1}{\cos h\,(\varphi . 0{,}3)} \cdot \frac{3}{4} = \frac{1}{e^{\varphi . 0{,}3} + e^{-\varphi . 0{,}3}} \cdot \frac{3}{2}$$

Diese Projektionskurve ist also auch zur z- Achse symmetrisch. (Fig. 16b).

Die Fig. 17a gibt die Schraubenlinie für den uneigentlichen Anfangspunkt $(0,0,z_0) = (0,0,\frac{3}{2})$ und für denselben Wert $\gamma = 0{,}3$ in ihrer Projektion auf die (x,z)- Ebene, wieder mit der zugehörigen Abstandsfläche. Diese zur z- Achse symmetrische Projektionskurve hat die Gleichungen mit dem Parameter α

$$x = \operatorname{tg} h\,(\alpha .\, 0{,}3),$$

$$z = \frac{\cos \alpha}{\cos h\,(\alpha . 0{,}3)} \cdot \frac{3}{2}\text{, demnach auch dieselben Abszissen}$$

x_i für die angegebenen Werte α_i, wie soeben.

Die Fig. 17b gibt wieder die Projektion unserer Bahnkurve auf

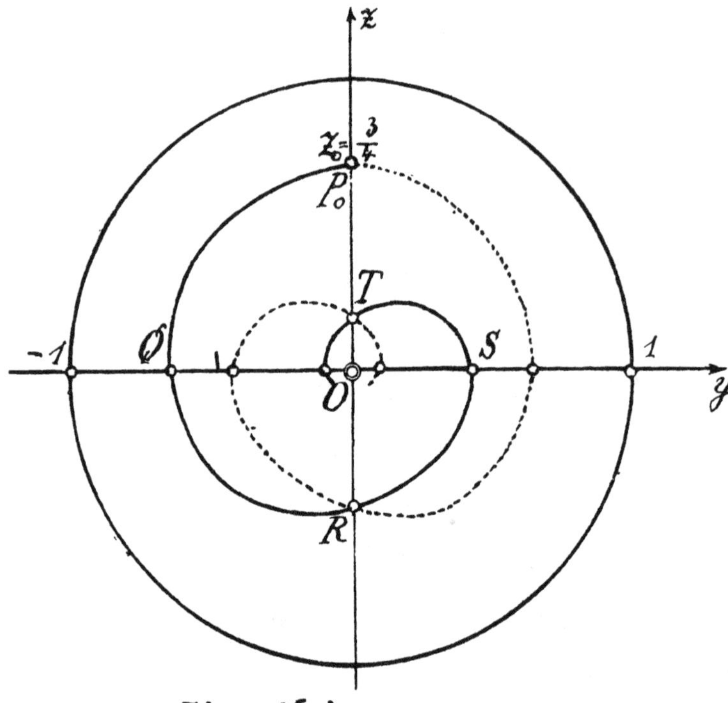

Fig. 16.b.

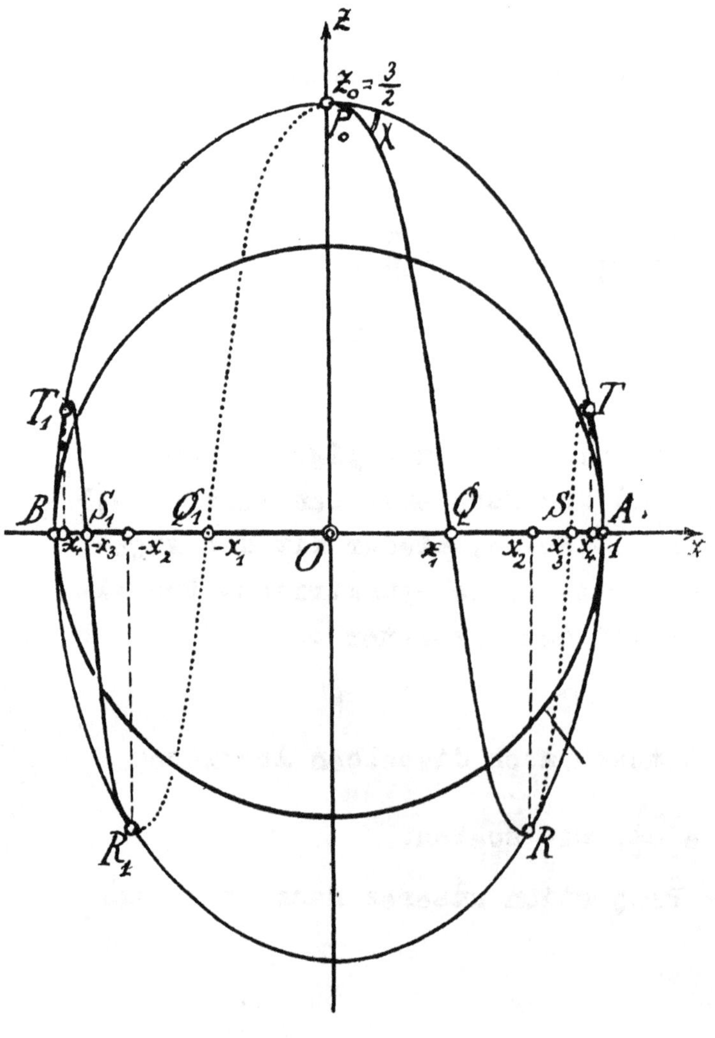

die (y,z)- Ebene. Es sei auch kurz auf den Übergangsfall $z_0 = 1$ hingewiesen; die Bahnkurve liegt dann auf der absoluten Fläche.

VI. Analog gelten im <u>zweiten Falle</u> gemäß den Gleichungen (1a-d) unhomogen die folgenden Gleichungen für die Bahnkurve des Anfangspunktes P_0^∞ mit den Koordinaten ($1, y_0, 0, 0$), wo $0 < y_0 < \infty$ ist,

(3a-c) $x = \operatorname{ctg} h\,(\alpha . \gamma)$,

$$y = \frac{\cos \alpha}{\sin h(\alpha . \gamma)} . y_0,$$

$$z = \frac{\sin \alpha}{\sin h(\alpha . \gamma)} . y_0.$$

13. <u>Es gelten auch hier die analogen Sätze 10a, b.</u>

Um den nichteuklidischen Neigungswinkel jeder Tangente der Bahnkurve gegen die zugehörige Meridiankurve zu bestimmen, wollen wir zunächst einmal <u>die Tangente für den euklidisch unendlich fernen Anfangspunkt P_0^∞ bestimmen.</u> Die Verbindungslinie dieses Punktes P_0^∞ mit einem beliebigen anderen Punkt P der Schraubenlinie mit den Koordinaten (x_1, y_1, z_1) ergibt für jene die euklidischen Richtungskosinus

$$\frac{1}{\sqrt{1+y_0^2}}, \quad \frac{y_0}{\sqrt{1+y_0^2}}, 0.$$

Fig. 17a.

Die Verbindungslinie hat also die Gleichungen mit dem Parameter t.

$$x = x_1 + \frac{1}{\sqrt{y_0\,1+y_0^2}} \cdot t = \operatorname{ctg} h\,(\alpha.\gamma) + \frac{1}{\sqrt{1+y_0^2}} \cdot t,$$

$$y = y_1 + \frac{y_0}{\sqrt{1+y_0^2}} \cdot t = \frac{\cos\alpha}{\sin h\,(\alpha.\gamma)} \cdot y_0 + \frac{y_0}{\sqrt{1+y_0^2}} \cdot t,$$

$$z = z_1 = \frac{\sin\alpha}{\sin h(\alpha.\gamma)} \cdot y_0$$

Die Verbindungslinie ist also der Schnitt der beiden Ebenen

$$\frac{y}{y_0} - \frac{\cos\alpha}{\sin h\,(\alpha.\gamma)} = x - \operatorname{ctg} h\,(\alpha.\gamma),$$

$$z = \frac{\sin\alpha}{\sin h\,(\alpha.\gamma)} \cdot y_0.$$

In der Grenze, d.h. für $\lim \alpha = 0$, geht diese Verbindungslinie in die Tangente der Schraubenlinie im Punkte P_0^∞ über. Diese Tangente ist also der Schnitt der beiden Ebenen.

$$\frac{y}{y_0} - x = \lim_{\alpha=0} \frac{\cos\alpha - \cos h(\alpha.\gamma)}{\sin h\,(\alpha.\gamma)} = \frac{0}{0} = \lim_{\alpha=0} \frac{\sin\alpha - \gamma\sin h(\alpha.\gamma)}{\cos h\,(\alpha.\gamma) \cdot \gamma} = 0,$$

$$\frac{z}{y_0} = \lim_{\alpha=0} \frac{\sin\alpha}{\sinh(\alpha.\gamma)} = \frac{1}{\gamma}$$

oder

$$\frac{y}{x} = y_0,$$

$$z = \frac{y_0}{\gamma}$$

Die Tangente des Meridians der Abstandsfläche für den Punkt P_0^∞ oder die Asymptote des Meridians ist der Schnitt der beiden Ebenen

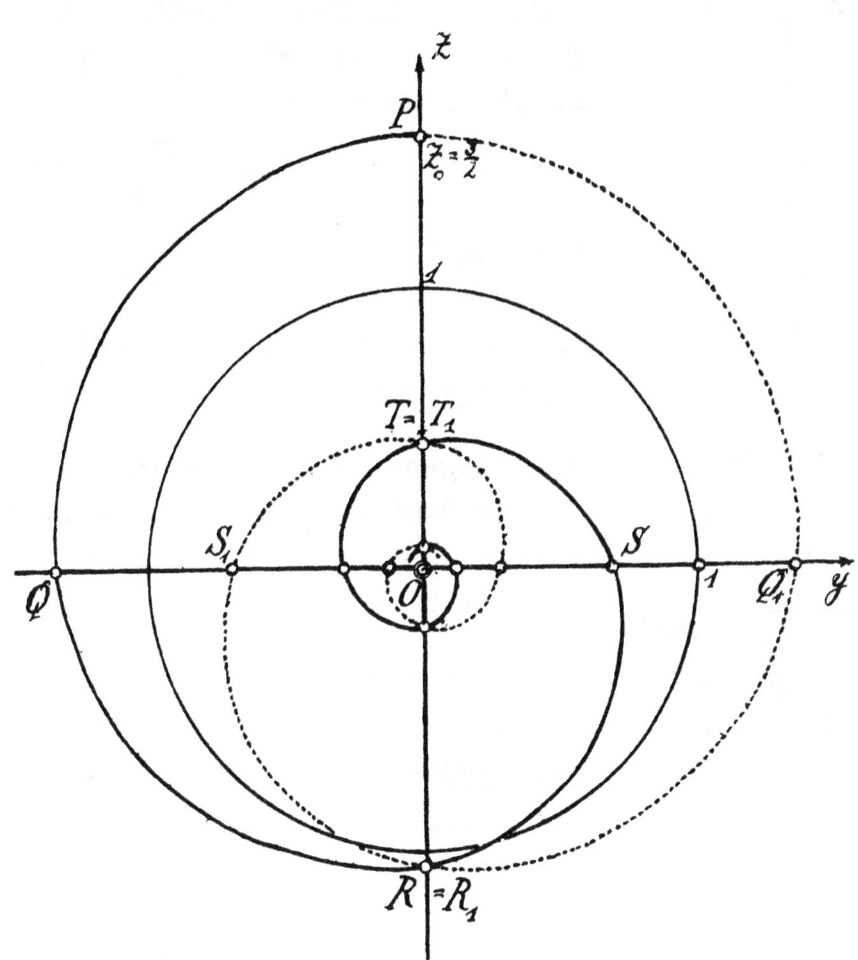

Fig. 17.b.

$\frac{y}{x} = y_0,$

$z = 0.$

Es ergibt sich nun leicht der gesuchte nichteuklidische Winkel χ dieser beiden Tangenten, die ja beide in der durch die z- Achse gehenden Ebene $\frac{y}{x} = y_0$ liegen. Die beiden euklidisch parallelen Schenkel des Winkels χ schneiden demnach die z - Achse, d.h. die absolute Polare des Punktes P_0^∞ in der Ebene $\frac{y}{x} = y_0$, in den Punkten U und O mit den Koordinaten $z_0 = \frac{y_0}{\gamma}$ und $z = 0$.

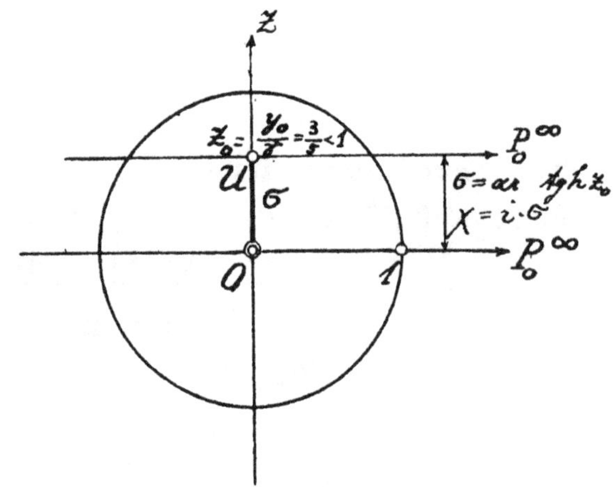

Fig.18a.

Wenn jetzt der Punkt U <u>innerhalb der absoluten Fläche</u> liegt, so veranschaulicht die Fig. 18a die Verhältnisse, in der U, P_0^∞ und O P_0^∞ die beiden Tangenten sind. Es ist dann der Winkel χ rein imaginär, nämlich

$$\chi = i.\sigma = i \,.\, \text{arc tg h} \frac{y_0}{\gamma} \text{ oder}$$

$$(4a) \quad \text{tg h} \frac{\chi}{i} = \text{tg h}\,\sigma = \frac{y_0}{\gamma}.$$

Wenn weiter speziell <u>U die Koordinate $z = \frac{y_0}{\gamma} = 1$ besitzt</u>, also die Tangente der Schraubenlinie im Punkte P_0^∞ auch die absolute Fläche berührt, so ist

$$(4b) \quad \text{tg h} \frac{\chi}{i} = 1 \text{ oder } \chi = \infty.$$

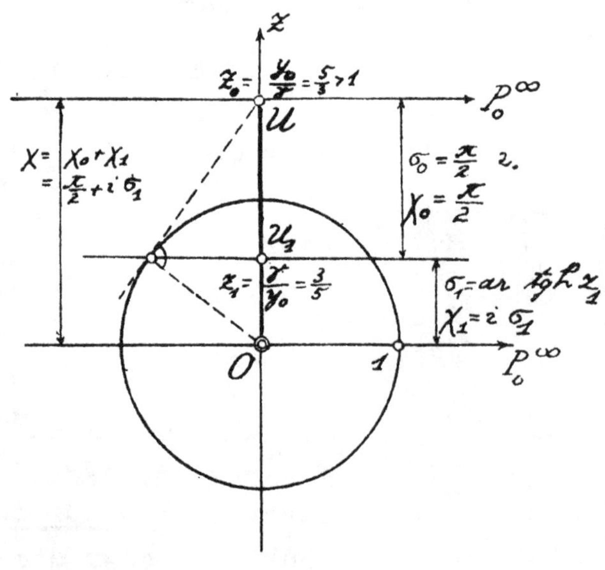

Fig. 18.b.

Wenn endlich der Punkt U auf der z - Achse <u>außerhalb der absoluten Fläche</u> liegt (Fig.18b), d.h. $1 < \frac{y_0}{\gamma} < \infty$ ist, so ist

$$(4c) \quad \chi = \chi_0 + \chi_1 = \frac{\pi}{2} + i.OU_1 = \frac{\pi}{2} + i.\sigma_1,$$

wo U_1 der absolute Pol zu U auf der z- Achse mit

der Koordinate $z_1 = \frac{1}{z_0} = \frac{\gamma}{y_0}$ ist und also die nichteukli= disch zu messende Strecke,

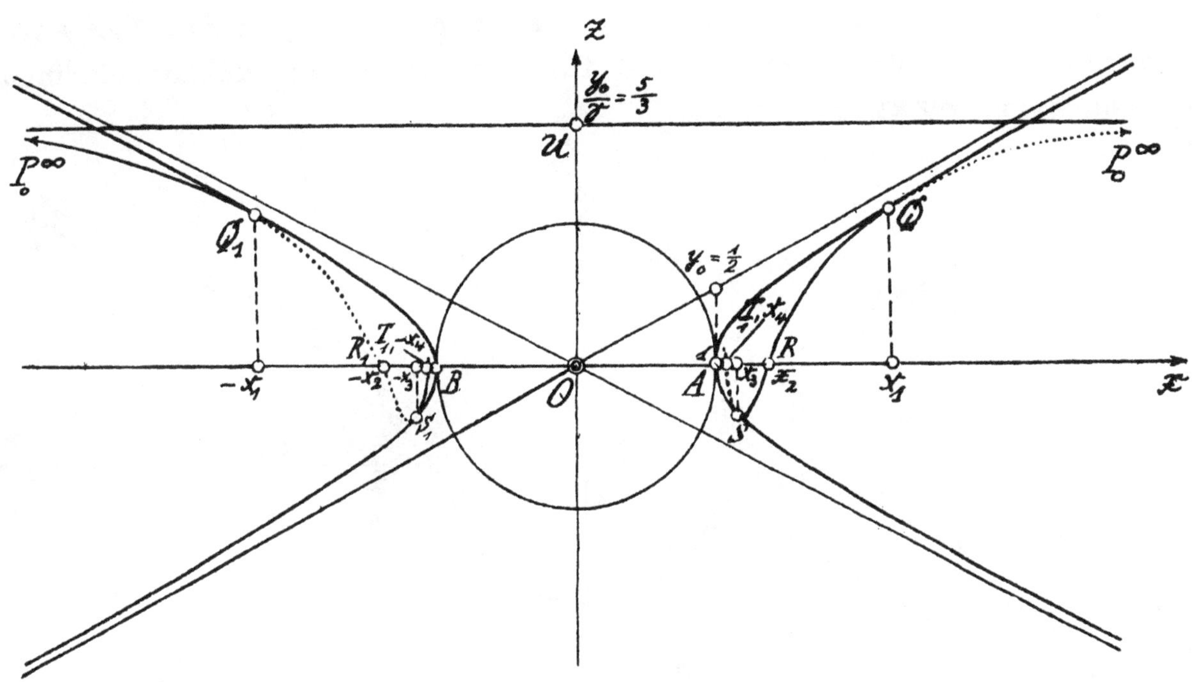

Fig. 19.a.

(4c) $OU_1 = \sigma_1 = \text{arc tg h } z_1 = \text{arc tg h } \frac{\gamma}{y_0}$ ist *).

Durch die Gleichungen (4a,b,c) ist also der nichteuklidische Winkel χ bestimmt.

Es gilt der allgemeine Satz:

14. Je nachdem die Tangente der Schraubenlinie für den Punkt P_0^∞ die absolute Fläche in zwei reellen Punkten schneidet oder die absolute Fläche berührt oder sie nicht reell trifft, d.h. je nach= dem die euklidische Strecke OU $\gtreqless$ 1 ist, ist jenes für alle Tangen= ten der Schraubenlinie des Punktes P_0^∞ der Fall.

Die reellen Schnittpunkte, bzw. die Berührungspunkte der Tangenten liegen natürlich wieder auf Schraubenlinien mit der x- Achse auf

*) Vgl. hinsichtlich der Gleichung (4a) und (4c) die Sätze 4 und 12 im § 1, sowie mein in der Anm. S. 29 genanntes Buch, Bd. II, Satz 7, S. 102 oder die ausführliche Darstellung in meiner schon in der Anm. S. 1 genannten Schrift § 1 und 2.

der absoluten Fläche.

Die Figuren 19a,b,c geben hier <u>die Bahnkurven</u> des Anfangspunktes $(1,y_0,0,0)=(1,\frac{1}{2},0,0)$ für den Wert $\frac{\beta}{\alpha}=\gamma=0{,}3$ in ihren Projektionen auf die (x,z)-, die (x,y) und die (y,z) - Ebene. Der Anfangspunkt P_0^{∞} für den Wert $\alpha=\beta=0$ ist also auch der euklidisch unendlich ferne Punkt

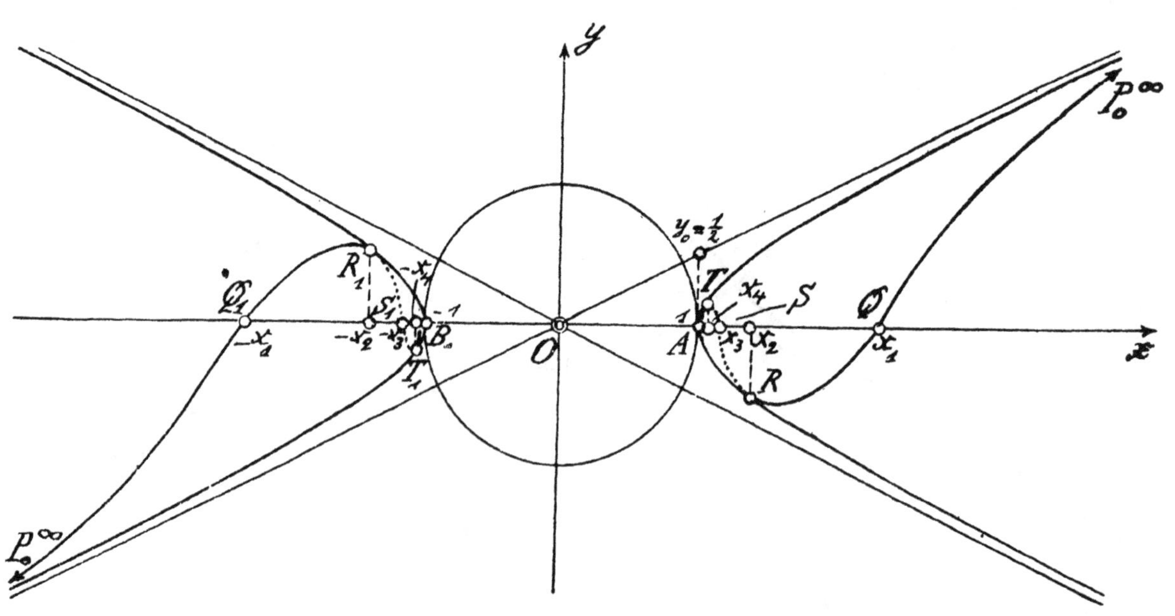

Fig. 19.b.

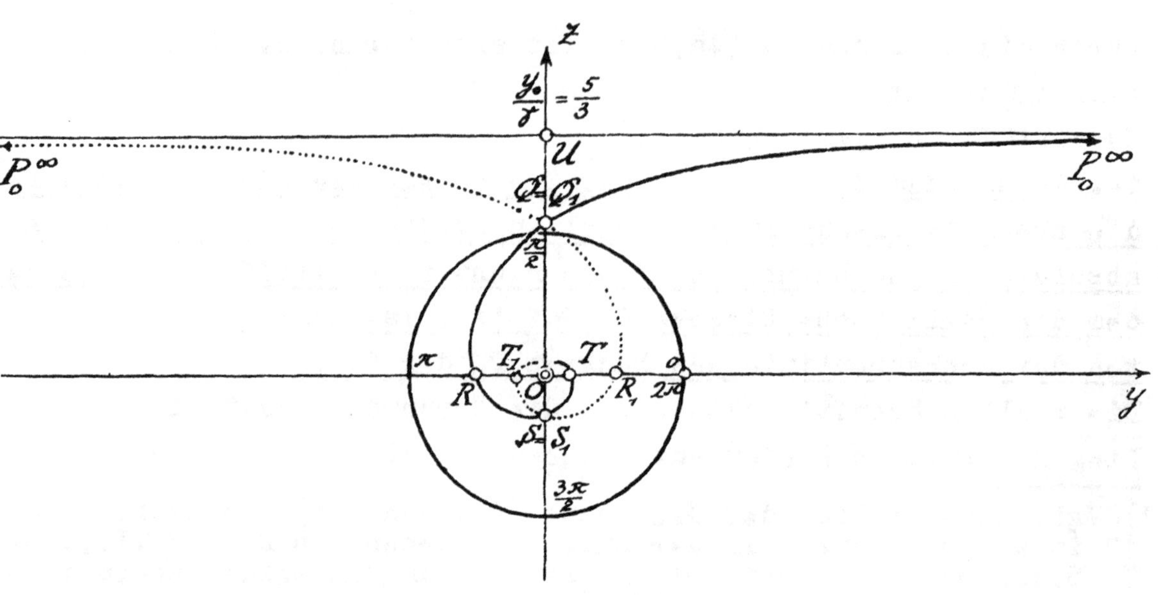

Fig. 19.c.

der durch die Gleichungen $\frac{y}{x} = y_0 = \frac{1}{2}$, $z = \frac{y_0}{\gamma} = \frac{5}{3}$ festgeleg= ten. Geraden. Analog wie für die Figuren 16a und 17a ergeben sich für die Werte $\alpha_1 = \pm\frac{\pi}{2}$, $\alpha_2 = \pm\pi$, $\alpha_3 = \pm\frac{3\pi}{2}$, $\alpha_4 = \pm 2\pi$ die Abszissen $x_1 = \pm 2,277$, $x_2 = \pm 1,358$, $x_3 = \pm 1,126$, $x_4 = \pm 1,047$.

In diesem Beispiel ist euklidisch die Strecke $0\,U > 1$, so daß die Tangenten der Schraubenlinie die absolute Fläche nicht schneiden. Die Gleichungen der Projektionskurven in den Figuren 19a,b,c er= geben sich wieder sogleich aus den allgemeinen Gleichungen (1a-d); die Projektionskurven in den Figuren19a,c sind zur z - Achse sy= m̄etrisch, die Projektionskurve der Fig. 19b ist zum Koordinaten= anfangspunkt symetrisch. Die Figuren 19a,b zeigen auch die zuge= hörige Abstandsfläche für die x- Achse.

VII. In unserem Beispiel der Figuren 19a,b,c erkennen wir nun wei= ter sofort:

15. <u>Die Ebene $z = \frac{y_0}{\gamma} = \frac{5}{3}$ ist die Schmiegungsebene der Bahnkurve im Punkte P_0^{∞}.</u>

Denn jede auf der einen Seite benachbarte euklidisch parallele Ebene schneidet die Bahnkruve außer im Punkte P_0^{∞} noch in zwei zur z- Achse sym̄etrisch gelegenen Punkten, die auch in den Punkt P_0^{∞} hineinrücken, wenn die benachbarte Ebene in die Ebene $z = \frac{y_0}{\gamma}$ hineinrückt.

Dieser Satz gilt analog für jede Bahnkurve, d.h. beliebige hier in Frage kommende Werte $0 < y_0 < \infty$ und $\gamma \gtrless 0$. Wir können uns bei der näheren Betrachtung auf die Werte $\gamma > 0$ beschränken. Nach der Glei= chung (3c) ist ja

$$z = \frac{\sin \alpha}{\sin h\,(\alpha \cdot \gamma)} \cdot y_0 .$$

Nun ist für kleine positive Werte α stets $\frac{\sin \alpha}{\alpha} < 1$ und $\frac{\sin h\,(\alpha \cdot \gamma)}{\alpha \cdot \gamma} > 1$, (vgl. die Fig. 2 im § 1 oder die Reihenentwick= lung $\sin h\,(\alpha \cdot \gamma) = \alpha \cdot \gamma \cdot \left(1 + \frac{\alpha^2 \gamma^2}{3!} + \frac{\alpha^4 \gamma^4}{5!} + \ldots\right)$.

Es ist also für kleine Werte $\alpha \geqq 0$

$$z = \frac{y_0}{\gamma} \cdot \frac{\frac{\sin \alpha}{\alpha}}{\frac{\sin h(\alpha \cdot \gamma)}{\alpha \cdot \gamma}} \leqq \frac{y_0}{\gamma} = z_0$$

oder die Projektionen der Bahnkurven in der (x,z) - oder (y,z)-

Ebene, die ja zur z- Achse symetrisch sind, liegen stets in dem Teil $z \leq \frac{y_0}{\gamma}$.

Dies aber besagt:

16. Für alle Bahnkurven des zweiten Falles ist die Ebene $z = \frac{y_0}{\gamma}$ Schmiegungsebene,(vegl. das Ell.Werk, S. 39). *).

VIII. Wir haben noch den Übergangsfall zu erwähnen, daß der Anfangspunkt P_0 in einer der Ebenen $x = \pm 1$, also in der in diese beiden Ebenen zerfallenen Abstandsfläche für die x- Achse, die den Übergang zwischen den inneren und äußeren Abstandsflächen bildet, gelegen, etwa der Punkt $(1,0,z_0,1)$ mit den Ungleichungen $0 < z_0 < +\infty$ ist. Die Projektion der in der Ebene $x = 1$ gelegenen Bahnkurve auf die (y,z)- Ebene hat(für $\beta = \alpha . \gamma$ und $0 < \gamma < +\infty$) nach den Gleichungen (1o-d) die Gleichungen mit dem (euklidisch oder nichteuklidischen)Parameterwinkel α

$$y = \frac{-\sin \alpha}{\sin h\,(\alpha . \gamma) + \cos h\,(\alpha . \gamma)} \cdot z_0,$$

$$z = \frac{\cos \alpha}{\sin h\,(\alpha . \gamma) + \cos h\,(\alpha . \gamma)} \cdot z_0$$

oder in Polarkoordinaten ρ, $\varphi = \alpha$

$$\rho = \frac{1}{\sin h\,(\alpha . \gamma) + \cos h\,(\alpha . \gamma)} \cdot z_0$$

oder (5) $\rho = z_0 \cdot e^{-\alpha\gamma}$

---

*) Es sei hier noch auf die vom Verfaßer freundlichst mir genannte Arbeit mit Angabe weiterer Literatur verwiesen: K.Strubecker, Über die Schraubungen des elliptischen Raumes, Sitzungsberichte der Akademie der Wissenschaften in Wien, Math.-naturw. Klasse, Abt. IIa, Bd.139, Wien 1930, S.421 ff, insbesondere auf die Figuren 9-12 der Schraubenlinien, für die nach unserer Bezeichnung bzw. $\frac{\alpha}{\beta} = \frac{1}{3}$, $= 3$, $= \frac{1}{2}$, $= 2$ gilt. Das letzte Beispiel ist ja mit dem von uns im Ell.Werk, Abschnitt V, S.36 behandelten identisch. Die Grundrisskurven sind als Ährenkurven bezeichnet,(vgl. G.Loria, Spezielle ebene und transzendente Kurven, 2.Aufl. Bd.I, Leipzig S.367) und demgemäß die Schraubenlinien selbst als räumliche Ährenkurven.

**) Wegen der Eigenschaften der logarithmischen Spirale und ihrer zahlreichen Literatur vgl. das in der letzten Anm. genannte Werk: G.Loria, S. 499ff. Gute Dienste leistet hier auch Jahnke-Emde, Funktionentafeln, 2.Aufl., Leipzig 1933, S.42(Tafel für die Exponentialfunktion e^{-x}).

17. Die Bahnkurve mit der Gleichung (5) ist in der Ebene $x = 1$ eine logarithmische Spirale, welche ja eine isogonale Trajektorie der Strahlen durch den Punkt A, den Meridianen der speziellen Ab=standsfläche ist. **), auf voriger Seite.

Der Winkel χ der Kurventangente gegen den zugehörigen Strahl durch den Punkt A ist durch die Gleichung gegeben $\left(\frac{dz}{dy}\right)_{\alpha=0} = ctg\,\chi = \gamma$.

Die Fig. 20 zeigt uns die Bahnkurve für den Wert $z_0 = \frac{3}{2}$, $\gamma = 0{,}3$ in ihrer Projektion auf die (y,z) - Ebene; hier ist $\sphericalangle\chi = 73^\circ\ 18'$, (vgl. die analoge Figur für die besonderen Fälle $\gamma = 0$ oder $\gamma = \infty$, d. h. die Bahnkurven bei der Drehung um die x- Achse oder der polaren Drehung längs der x- Achse).

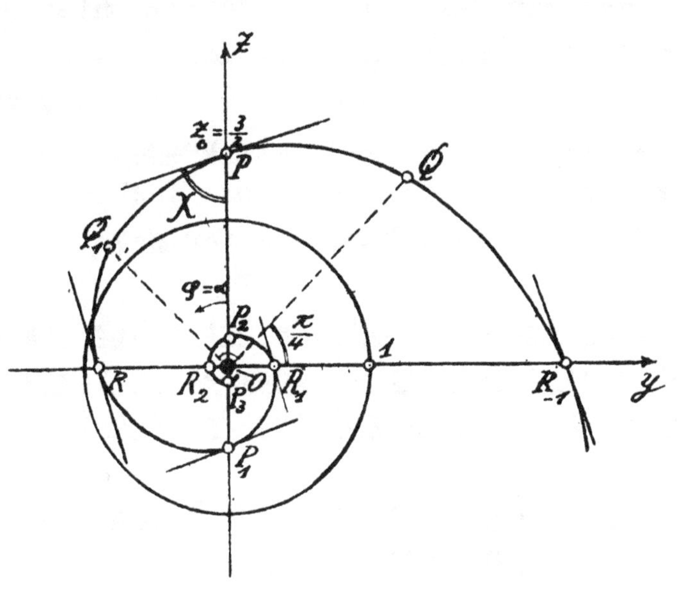

Fig. 20.

Bei der einzelnen Schrau=bung mit bestimmten Grö=ßen α, β um die x- Achse bleibt ja die euklidisch unendlichferne Gerade der Tangentialebene $x = 1$, d. h. die absolute Polare x_1^∞ zur x- Achse im Ganzen un=verändert, so daß jede Ge=rade durch A und die aus ihr durch die einzelne Schraubung sich ergeben=de Gerade ähnliche ent=sprechende Punktreihen tra=gen, (vgl. den Satz 12 des §3). Das Ähnlichkeitsverhältnis wird eben durch das Verhältnis je zweier Radienvektoren der logarithmischen Spirale gegeben, die dem gegebenen Winkel α entsprechen. In der Fig. 20 sind demgemäß z.B. für $\alpha = \frac{\pi}{4}$ die Dreiecke $O\,R_{-1}\,Q$, $O\,Q\,P$, O,P,Q_1, $O,Q_1\,R$ einander ähnlich. Die Bewegung in der Ebene $x = 1$ besteht eben aus der vertauschbaren Aufeinanderfolge einer Drehung um den Punkt A und einer Ähnlichkeitstransformation bezüglich A.

IX. Wir wollen noch einige weitere sich hier darbietende Aufgaben der nichteuklidischen Kinematik erwähnen, ohne näher darauf einzu=gehen, (vgl. auch stets die elliptische und die euklidische Geome=trie).

Aufgabe 1: Eine beliebige Gerade g, insbesondere eine die absolute Fläche reell schneidende Gerade g, werde längs der x- Achse durch eine gegebene (hier wie weiterhin stets kontinuirliche) Schraubung verschraubt. Welches ist der geometrische Ort der Schnittpunkte aller Lagen der Geraden g mit der Ebene $x = 0$ (oder mit einer anderen Ebene $x = x_0$) ?

Es sei angedeutet, daß wir etwa unser Augenmerk auf die Schnittpunkte der Geraden g mit den bei der Verschraubung sich selbst entsprechenden Ebenen $x = \pm 1$ richten können, deren Bahnkurven ja im vorigen Abschnitt bestimmt sind. Sind dann Q_1, Q_2 ein Paar solcher Schnittpunkte der allgemeinen Geraden g bei einer ihrer Lagen, so ist der Schnittpunkt dieser Lage mit der Ebene $x = 0$ die entsprechende euklidische Mitte von $Q_1 Q_2$. Diese Aufgabe umfaßt auch eine große Reihe spezieller Fälle, die durch die Lage der Geraden g zur x- Achse, bzw. durch die durch die Drehung oder die polare Drehung längs der x- Achse statt der Schraubung bedingt sind. Insbesondere mag die Gerade g die Tangente einer Schraubenlinie der gegebenen Schraubung sein.

Aufgabe 2: Welches ist überhaupt der geometrische Ort aller Lagen einer Geraden g und ihrer absoluten Polaren g_1 oder einer Ebene $\mathfrak{E}$ in Beziehung zum geometrischen Ort ihres absoluten Poles bei einer gegebenen Schraubung ?

Aufgabe 3: Welches ist die Projektion einer Schraubenlinie mit der x- Achse vom Punkte $A = (1,0,0)$ aus auf die Ebene $x = 0$?

Aufgabe 4 : Welches ist der geometrische Ort eines nichteuklidischen Kreises, der mitsammt seinem Mittelpunkt im Innern der absoluten Fläche und zwar in der Ebene $x = 0$ gelegen ist, bei einer längs der x- Achse stattfindenden Verschraubung ?

Aufgabe 5 : Welche Fläche ist die einhüllende Fläche (nichteuklidische Röhrenschraubenfläche) aller Lagen einer mitsammt ihrem Mittelpunkt im Innern der absoluten Fläche gelegenen nichteuklidischen Kugel, die längs der x- Achse verschraubt, (bzw. um die x- Achse gedreht oder polar gedreht) wird ?

Aufgabe 6 : Welches ist in der elliptischen Geometrie der geometrische Ort des Schnittpunktes P zweier Erzeugenden der verschiedenen Scharen einer Cliffordschen Fläche (Abstandsfläche) mit der Drehachse a, wenn diese Erzeugenden mit konstanten Winkelgeschwindigkeiten c_1, c_2 um die Drehachse a rotieren ? *).

§ 5.

Die Grenzbewegungen für den festen Punkt $x = 1,\ y = z = 0$ und die zugehörigen Bahnkurven.

I. Wir betrachten die projektive Transformation mit den Gleichungen

$$\text{(1a-d)}\quad \begin{aligned} \rho \cdot x^* &= \left(1 - \frac{1}{2\delta^2}\right) x - \frac{1}{\delta} \cdot y + \frac{1}{2\delta^2} w, \\ \rho \cdot y^* &= \frac{1}{\delta} x + y - \frac{1}{\delta} w, \\ \rho \cdot z^* &= z, \\ \rho \cdot w^* &= -\frac{1}{2\delta^2} x - \frac{1}{\delta} y + \left(1 + \frac{1}{2\delta^2}\right) w. \end{aligned}$$

Zunächst ergibt sich hier:

1. Für $\lim \delta = \infty$ ergibt sich die Identität und für $\lim \delta = 0$ eine ausgeartete Bewegung.

Wir können ja die Gleichungen (1a-d) auch schreiben

$$\text{(1'a-d)}\quad \begin{aligned} \rho \cdot x^* &= (2\delta^2 - 1)\, x - 2\delta y + w, \\ \rho \cdot y^* &= 2\delta x + 2\delta^2 y - 2\delta w, \\ \rho \cdot z^* &= 2\delta^2 z, \\ \rho \cdot w^* &= -x - 2\delta y + (2\delta^2 + 1)\, w. \end{aligned}$$

Diese Gleichungen gehen aber für $\lim \delta = 0$ in die Gleichungen über

$$\begin{aligned} \rho \cdot x^* &= -x + w, \\ \rho \cdot y^* &= 0, \\ \rho \cdot z^* &= 0, \\ \rho \cdot w^* &= -x + w, \end{aligned}$$

(vgl. in der euklidischen Geometrie die Translation in der Richtung der x- Achse durch eine unendlich große Strecke).

Beide Werte $\delta = \infty$ und $\delta = 0$ sind also hier ausgeschlossen, d.h. es gelten die Ungleichungen

$$\text{(2)}\quad 0 < |\delta| < \infty.$$

---

*) Diese Aufgabe ist von Herrn K. Strubecker in der Anm. S. 40 genannten Arbeit, S. 425 behandelt.

Wir erkennen weiter sofort:

2. Die 10 Bedingungsgleichungen (2) und (3) des § 2 sind hier erfüllt.

Nach der Definition (1) des § 2 folgt dann auch:

3. Die Transformationsgleichungen (1a-d) stellen eine Bewegung dar, d.h. durch diese Transformation geht die absolute Fläche in sich über.

Weiter ergibt sich leicht:

4. Die Determinante der Bewegung ist gleich + 1.

Wir können nun sogleich wichtige Eigenschaften dieser Bewegung ableiten.

5. Der Punkt A der absoluten Fläche mit den Koordinaten 1,0,0,1, also der eine Schnittpunkt der x- Achse mit der absoluten Fläche, entspricht sich selbst. Auch die Ebene x = w entspricht sich im Ganzen selbst.

6. Alle Punkte der Geraden d mit den Gleichungen x = 1, y = 0 entsprechen sich selbst.

7. Jede Ebene durch diese Gerade d geht stets wieder in eine Ebene durch d über.

Die Richtung der Geraden d, welche mit der positiven Richtung der z- Achse identisch ist, soll als positive Richtung gewählt sein. Hiernach können wir die Gerade d als d- Achse der Bewegung bezeichnen.

Jeder Punkt (vom Punkte A verschiedener) des absoluten Kreises in der (x,y) - Ebene hat sich durch die Bewegung der d-Achse entgegengesehen auf dem Kreise in dessenpositivem, bzw. negativem Umlaufungssinne bewegt, je nachdem die Größe δ positiv oder negativ ist. Demgemäß können wir von positiver oder negativer Bewegung sprechen.

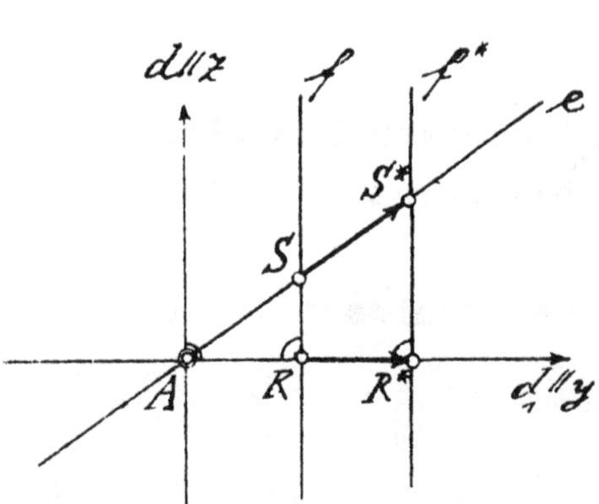

Fig. 21
(Ebene x = 1).

8. Jede reelle Gerade e in der Ebene x = w durch den Punkt A entspricht sich im Ganzen selbst. (Fig. 21). Denn es ist ja in der Ebene x=w nach den Gleichungen (1 b,c) $\frac{y}{z^*} = \frac{y}{z}$.

8a. Übrigens entspricht auch jede der beiden Erzeugenden der absoluten Fläche in der Tangentialebene des Punktes A, die ja euklidisch Minimalgerade sind, sich selbst.

Weiter geht die Gerade f mit den unhomogenen Gleichungen $x=1$, $y=y_0 \neq 0$ in die zu ihr euklidisch parallele Gerade f^* mit den unhomogenen Gleichungen $x^* = 1$, $y^* = \dfrac{y_0}{1 - \frac{1}{\delta} y_0} \neq y_0$ über,(Fig.21).

Hieraus folgt:

9. Auf jeder durch den Punkt A gehenden, von der Geraden d verschiedenen Geraden in der Ebene $x = 1$ bleibt außer dem Punkte A kein anderer Punkt unverändert.

Aus den bisherigen Sätzen ergibt sich weiter sofort:

10. Es entspricht kein anderer Punkt des Raumes außer den Punkten auf der Geraden d mit den Gleichungen $x = 1$, $y = 0$ sich selbst, insbesondere auch kein andererPunkt der absoluten Fläche außer dem Punkte $x = 1$, $y = z = 0$.

Ein vom Punkte A verschiedener sich selbst entsprechender Punkt P der absoluten Fläche würde ja auch bedingen, daß z.B. die Schnittgerade der Tangentialebene des Punktes P mit der Ebene $x = 1$ sich selbst entsprechen müßte, was unmöglich ist.
Bei den anderen im § 3 und im § 4 behandelten besonderen Bewegungen bleiben stets zwei Punkte der absoluten Fläche unverändert. Dementsprechend nennen wir die Bewegung mit den Gleichungen (1a-d) die Grenzdrehung um die Achse d mit den Gleichungen $x = 1$, $y = 0$ und mit dem Parameter δ. Den Punkt A nennen wir den Mittelpunkt der Grenzdrehung.

Ferner gelten die Sätze :

11. Jede Ebene durch die Gerade d_1 mit den Gleichungen $x = 1$, $z = 0$ entspricht sich im Ganzen selbst, also auch die (x,y) - Ebene.

Die Gleichung einer solchen Ebene lautet ja $\dfrac{z^*}{x^* - w^*} = \text{const.}$
Die Gerade d_1 ist die absolute Polare der Geraden d. Wir können die gegebene Bewegung mit den Gleichungen (1a-d) demgemäß auch die polare Grenzdrehung um die Gerade d_1 nennen. Eine Ebene durch die Gerade d_1 ist ja auch die absolute Polarebene eines Punktes auf der Geraden d.

12. Jede allgemeine Ebene durch den Punkt A mit der beliebigen Schnittlinie e in der Ebene $x = 1$ geht in eine andere Ebene durch die Schnittlinie e über,(vgl. die Sätze 8 und 11).

Was bedeutet nun der Parameter δ geometrisch ? Der Punkt $B = R$ mit den Koordinaten $(-1,0,0,1)$ geht durch die Bewegung in den Punkt R^* mit den Koordinaten $\frac{1}{\delta^2} - 1$, $-\frac{2}{\delta}$, 0, $\frac{1}{\delta^2} + 1$ über,

(Fig. 22) für den Wert $\delta = \frac{5}{4}$). Die Projektion des Punktes R^* auf die x- Achse möge die Abszisse $O R^* = p$ haben. Es ist dann

(3) $p = \frac{1 - \delta^2}{1 + \delta^2}$ oder (3′) $\delta = \sqrt{\frac{1 - p}{1 + p}}$, wo das positive oder negative Wurzelzeichen gilt, je nachdem die Grenzdrehung positiv oder negativ ist.

13a <u>Der Parameter δ ist also durch die Gleichung (3′) geometrisch gedeutet, wonach</u>

$$\delta = \sqrt{\frac{R^{*\prime} A}{B R^{*\prime}}}$$ <u>ist.</u>

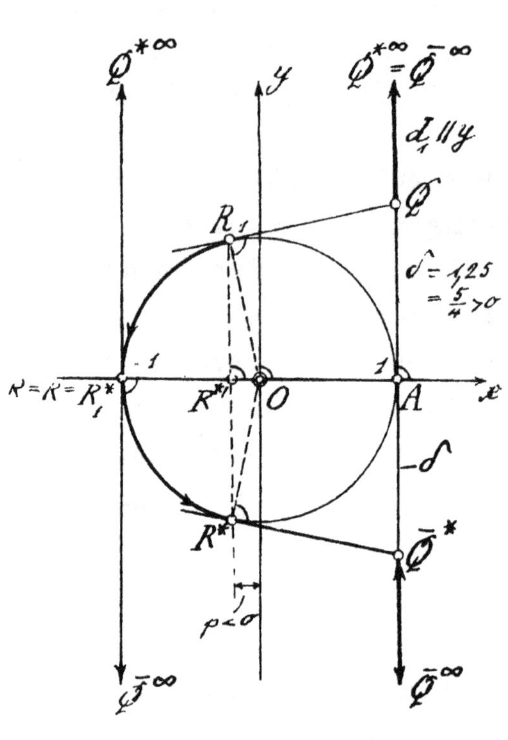

Fig. 22.

Für p = 0 ist der Parameter δ insbesondere gleich + 1 oder − 1.

Ferner geht der Punkt Q der Geraden d_1 mit den Koordinaten (1,δ,0,1) über in den Punkt $Q^{*\infty}$ mit den Koordinaten (0,1,0,0), also in den euklidisch unendlichfernen Punkt der y- Achse oder der Geraden d_1.

13b. <u>Es ist also der Parameter δ geometrisch auch die y- Koordinate dieses Punktes Q.</u>

II. Wir können die Grenzdrehung mit den Gleichungen (1a-d) auch leicht <u>durch einen einfachen Grenzübergang</u> wie folgt erhalten : Wir betrachten die Aufeinanderfolge der folgenden drei uns wohlbekannten Bewegungen:

(I) <u>Die polare Drehung längs der x- Achse mit dem Parameter $-\beta$,</u> wo $x_0 = \operatorname{tg} h\beta$ ist und $0 < x_0 < 1$ sei, mit den Gleichungen

$$\begin{aligned}
\rho_I \cdot x_I &= \cos h\beta \cdot x - \sin h\beta \cdot w,\\
\rho_I \cdot y_I &= y\,,\\
\rho_I \cdot z_I &= z\,,\\
\rho_I \cdot w_I &= -\sin h\beta \cdot x + \cos h\beta \cdot w.
\end{aligned}$$

Hierdurch geht der Punkt $O^*(x_0,0,0,1)$ in den Koordinatenanfangspunkt O über, (Fig. 23 in der (x,y) - Ebene).

(II). <u>Die Drehung um die z-Achse durch den Winkel α mit den Gleichungen</u>

$$\rho_{II}\cdot x_{II} = \cos\alpha \cdot x_I - \sin\alpha \cdot y_I ,$$
$$\rho_{II}\cdot y_{II} = \sin\alpha \cdot x_I + \cos\alpha \cdot y_I ,$$
$$\rho_{II}\cdot z_{II} = z_I ,$$
$$\rho_{II}\cdot w_{II} = w_I .$$

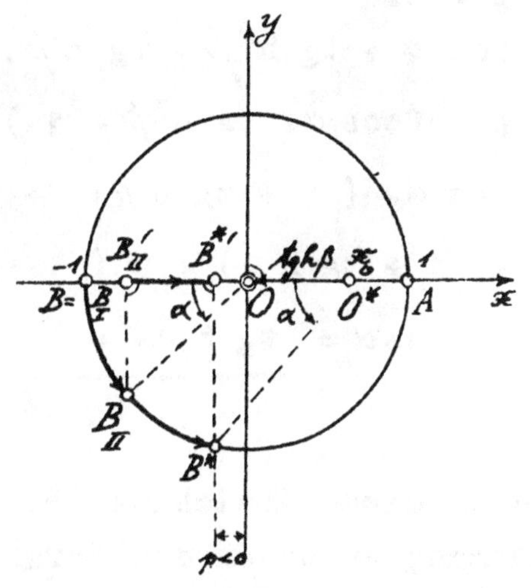

Fig. 23.

Hierdurch geht der Punkt $B = B_I$ in den Punkt B_{II} über (Fig. 23).

(III). Die polare Drehung längs der x- Achse mit dem Parameter β und den Gleichungen

$$\rho^*\cdot x^* = \cos h\beta \cdot x_{II} + \sin h\beta \cdot w_{II},$$
$$\rho^*\cdot y^* = y_{II},$$
$$\rho^*\cdot z^* = z_{II},$$
$$\rho^*\cdot w^* = \sin h\beta \cdot x_{II} + \cos h\beta \cdot w_{II}.$$

Hierdurch geht der Punkt B_{II} in den Punkt B^* über, (Fig. 23).
Die zusammengesetzte Bewegung, die nichteuklidische Drehung durch den nichteuklidischen Winkel α um die zur z- Achse euklidisch parallele Achse $\bar{d}$ durch den Punkt O^* mit den Gleichungen $x = x_0 = \operatorname{tg} h\beta$, $y = 0$ hat dann die Gleichungen

(4a-d) $\rho^*\cdot x^* = (\cos\alpha \cdot \cos h^2\beta - \sin h^2\beta)\, x - \sin\alpha \cdot \cos h\beta \cdot y$
$\quad + \sin h\beta \cdot \cos h\beta \cdot (1 - \cos\alpha) \cdot w,$

$\rho^*\cdot y^* = \sin\alpha \cdot \cos h\beta \cdot x + \cos\alpha \cdot y - \sin\alpha \cdot \sin h\beta \cdot w,$

$\rho^*\cdot z^* = z,$

$\rho^*\cdot w^* = - \sin h\beta \cdot \cos h\beta \cdot (1 - \cos\alpha) \cdot x - \sin\alpha \cdot \sin h\beta \cdot y -$
$(\cos\alpha \cdot \sin h^2\beta - \cos h^2\beta) \cdot w.$

Durch diese Bewegung soll nun jedoch der Punkt B (-1,0,0,1) in den Punkt B^* mit der Abszisse p übergehen. Durch die Gleichungen (4a-d) ergeben sich als Koordinaten des Punktes B^*

$\rho^*\cdot x^* = (-\cos\alpha \cdot \cos h^2\beta + \sin h^2\beta) + \sin h\beta \cdot \cos h\beta \cdot (1-\cos\alpha),$
$\rho^*\cdot y^* = - \sin\alpha \cdot (\sin h\beta + \cos h\beta),$
$\rho^*\cdot z^* = 0,$
$\rho^*\cdot w^* = \sin h\beta \cdot \cos h\beta \cdot (1- \cos\alpha) - (\cos\alpha \cdot \sin h^2\beta - \cos h^2$

Es ist dann also unhomogen

$$x^{*} = \frac{(-\cos\alpha - \cos h^2\beta + \sin h^2\beta) + \sin h\beta\ \cos h\beta .\ (1-\cos\alpha)}{\sin h\beta .\ \cos h\beta .\ (1-\cos\alpha) - (\cos\alpha .\ \sin h^2\beta - \cos h^2\beta)}$$

$= p$ oder

$-\cos\alpha + \operatorname{tg} h^2\beta + \operatorname{tg} h\beta .\ (1-\cos\alpha) = p \cdot \operatorname{tg} h\beta .\ (1-\cos\alpha)$

$- p \cdot (\cos\alpha .\ \operatorname{tg} h^2\beta - 1)$ oder

$-\cos\alpha .\ (1 + \operatorname{tg} h\beta) + \operatorname{tg} h\beta .\ (1 + \operatorname{tg} h\beta) = - p \cdot \cos\alpha .\ \operatorname{tg} h\beta$
$.(1 + \operatorname{tg} h\beta) + p\,(1 + \operatorname{tg} h\beta)$. oder

$$(5)\quad \cos\alpha = \frac{\operatorname{tg} h\beta - p}{1 - p .\ \operatorname{tg} h\beta} = \frac{x_o - p}{1 - p .\ x_o} .$$

Durch diese Gleichung (5)wird für die gegebene Größe p der Zusammenhang zwischen den Paramesern α, β gegeben. Es ist jetzt weiter

$$\cos h\beta = \frac{\operatorname{tg} h\beta}{\sqrt{1-\operatorname{tg} h^2}} = \frac{x_o}{\sqrt{1-x_o^2}} ,$$

$$\sin h\beta = \frac{1}{\sqrt{1-\operatorname{tg}h^2\beta}} = \frac{1}{\sqrt{1-x^2_o}} ,$$

$$\cos\alpha = \frac{x_o - p}{1 - p\,x_o} ,$$

$$\sin\alpha = \frac{\sqrt{1-p^2}\ .\sqrt{1-x_o^2}}{1 - p \cdot x_o}$$

Hieraus folgt

$$\sin\alpha .\ \cos h\beta = \frac{\sqrt{1-p^2}}{1 - p\,x_o} ,$$

$$\sin\alpha .\ \sin h\beta = \frac{\sqrt{1-p^2}}{1 - p\,x_o} . x_o ,$$

$$\sin h\beta .\ \cos h\beta .(1 - \cos\alpha) = \frac{x_o .(1 + p)}{(1 + x_o)\,(1 - p\,x_o)} ,$$

$$\cos\alpha \cdot \cos h^2\beta - \sin h^2\beta = \frac{x_0 - p\,(1 + x_0 + x_0^2)}{(1 + x_0)\,(1 - p\,x_0)} \,,$$

$$\cos\alpha \cdot \sin h^2\beta - \cos h^2\beta = \frac{p\,x_0 - (1 + x_0 + x_0^2)}{(1 + x_0)\,(1 - p\,x_0)} \,.$$

Jetzt wollen wir sogleich den Grenzübergang unserer Gleichungen (4a-d) für $\lim x_0 = 1$ ausführen. Wir erkennen sofort leicht:

14. <u>Die Bewegungsgleichungen (4a-d) gehen dann ohne weiteres in die Bewegungsgleichungen (1a-d) über, wenn wir noch in Übereinstimmung mit der Formel</u> (3) $p = \frac{1 - \delta^2}{1 + \delta^2}$ <u>setzen.</u>

Es ist ja z.B. der Faktor der Koordinate x in der Gleichung(4a) gleich

$$\lim_{x_0 \to 1} \frac{x_0 - p\,(1 + x_0 + x_0^2)}{(1 + x_0)\,(1 - p\,x_0)} = \frac{1 - 3\,p}{2(1 - p)} = 1 - \frac{1}{2\delta^2}$$

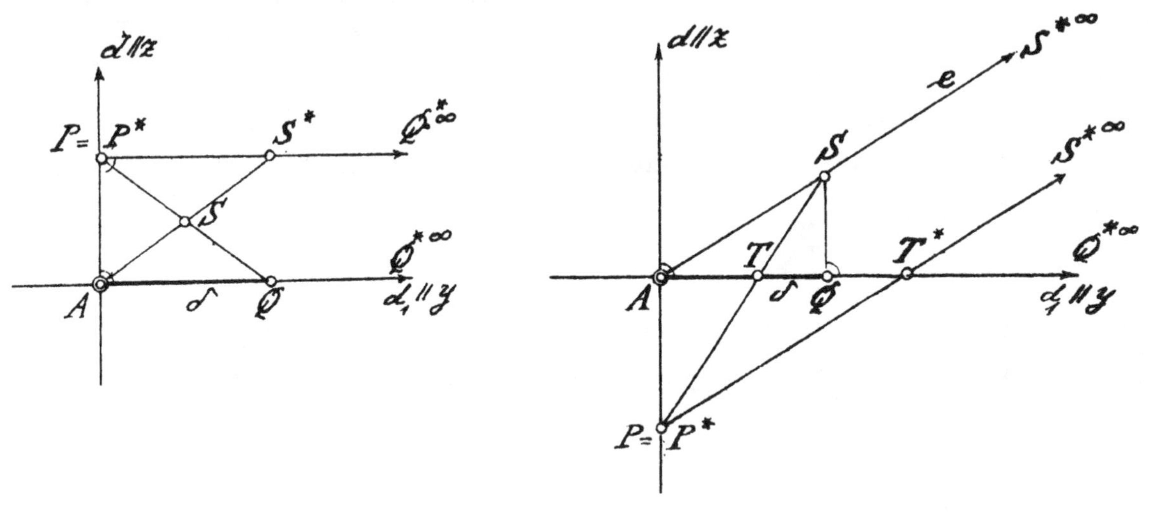

Fig 24. Fig 25.

III. Wir wollen jetzt die Bewegung in der Ebene $x = 1$ uns noch genauer ansehen. Die gesammte Bewegung ist ja gemäß dem Satze (13 b) durch den Punkt Q der d_1- Achse mit der Koordinate $y = \delta$ völlig bestimmt. Wir können die folgenden Aufgaben lösen, wenn die Strecke $A\,Q = \delta$ gegeben ist:

<u>Aufgabe 1</u> : <u>Zu einem beliebigen Punkte S der Ebene $x = 1$ den entsprechenden Punkt S^* zu konstruieren</u> (Fig. 24).

Wir verbinden den Punkt Q mit dem Punkte S bis zum Schnittpunkt $P = P^*$ mit der d- Achse und ziehen durch den Punkt P die eukli= dische Parallele zur d_1- Achse. Diese schneidet die Gerade A S in dem geruhten Punkte S^*, (vgl. den Satz 8).

<u>Aufgabe 2 : Zu einem beliebigen Punkt T der Geraden d_1 den ent= sprechenden Punkt T^* auf der Geraden d_1 zu konstruieren.</u>(Fig.25). Wir ziehen eine beliebige Gerade A. S. durch den Punkt A, wo $S\,Q \perp d_1$ ist, und vom Punkte T die Verbindungsgerade T S mit dem Schnittpunkt $P = P^*$ auf der d- Achse. Die Gerade P S geht über in die Gerade $P^* S^{*\infty}$, wo der Punkt $S^{*\infty}$ der euklidisch unendlich= ferne Punkt der Geraden AS ist, und die Gerade $P^* S^{*\infty}$ liefert den gesuchten Punkt T^*.

Es gilt auch der folgende einfache Satz :

15. <u>Entspricht in der Ebene $x = 1$ auf der sich ja selbst entspre= chenden Geraden e durch den Punkt A der beliebige Punkt S dem Punkte S^* (Fig 21 und 24), so entspricht dem zum Punkte S^* bezüg= lich des Punktes A symmetrische Punkt S_1 der zum Punkte S bezüg= lich des Punktes A symmetrische Punkt S_1^*,</u> (vgl. auch die Fig.22, wo die Gerade e speziell die d_1- Achse ist).

Diesen Satz können wir leicht analytisch nachweisen,(vgl. die Transformation auf der d_1- Achse nach den Gleichungen (1b,d), näm= lich unhomogen $y^* = \dfrac{y}{-\frac{1}{\delta}\, y + 1}$

IV. Wir wollen jetzt auch <u>die Bahnkurven beliebiger Punkte des Raumes bei der kontinuirlichen Grenzdrehung um die d- Achse</u> be= trachten, d.h. wenn die Größe δ in den Gleichungen (1a-d) vom Wer= te $\delta = +\infty$ abnimmt oder vom Werte $\delta = -\infty$ aus zunimmt,(vgl. den Satz 1). Wir wissen schon gemäß dem Satze 8

16. <u>Die Bahnkurve eines beliebigen Punktes P der Ebene $x = 1$ ist die Gerade A P.</u>

Wir bestimmen weiter <u>die Bahnkurve eines Punktes P der (x,y) - Ebene.</u> Die Anfangslage P_0 des Punktes auf der x- Achse möge die Ko= ordinaten (b,0,0,1) haben,(vgl. die Sätze 7 und 11).

Es ist nun nach den Gleichungen (1a-d)

$$\varrho \cdot x^* = b + \frac{1-b}{2\delta^2},$$

$$\varrho \cdot y^* = \frac{1-b}{\delta},$$

$$\varrho \cdot z^* = 0,$$

$$\varrho \cdot w^* = 1 + \frac{1-b}{2\delta^2}$$

Die Bahnkurve liegt also in der (x,y)- Ebene. Es gilt hier unhomogen

(6a,b) $$x^* = \frac{b + \frac{1-b}{2\delta^2}}{1 + \frac{1-b}{2\delta^2}},$$

$$y^* = \frac{\frac{1-b}{\delta}}{1 + \frac{1-b}{2\delta^2}} \quad \text{oder} \quad y^{*2} = \frac{\frac{2(1-b)^2}{2\delta^2}}{\left(1 + \frac{1-b}{2\delta^2}\right)^2}$$

Berechnen wir nun $2\delta^2$ aus der Gleichung (6a) und setzen diesen Wert in die Gleichung (6b) ein, so erhalten wir die Gleichung der Bahnkurve in der (x,y) - Ebene ohne den Parameter δ, nämlich, wenn wir jetzt wieder (x,y) statt (x^*, y^*) schreiben, die Gleichung

(7) $$(1 - x) \cdot (x - b) = \frac{1-b}{2} \cdot y^2 \quad \text{oder}$$

$$x^2 - (1 + b)\cdot x + \frac{1-b}{2} y^2 + b = 0 \quad \text{oder}$$

(7') $$\frac{\left(x - \frac{1+b}{2}\right)^2}{\left(\frac{1-b}{2}\right)^2} + \frac{y^2}{\frac{1-b}{2}} = 1 \;{}^{*)}$$

---

*) Diese Gleichung ist auch in meinem im Vorwort genannten Buche, Bd. II, Gl(15),S. 143 für den Wert $b = x_0 = 0$ abgeleitet,vgl. auch dort die Fig. 120 mit den Ausführungen dazu,im § 28,insbesondere den angedeuteten, interessanten Grenzübergang zur euklidischen Geometrie, vor allem auch den Satz 6, S. 144.

17. Die Bahnkurve eines Punktes $P_o(b,0,0,1)$ der (x,y)-Ebene mit der euklidischen Abszisse $OP_o = b$ ist also der durch diese Gleichung gegebene Grenzkreis in der (x,y)- Ebene mit dem Mittelpunkt A.

17a. Er ist übrigens nichteuklidisch eine orthogonale Trajektorie des Strahlenbüschels mit dem Träger A in der (x,y)- Ebene. Denn dieser Grenzkreis geht ja im Ganzen durch die Grenzdrehung in sich über und steht auf der x- Achse senkrecht.

18. Euklidisch stellt dann die Gleichung (7′), wenn zunächst $|b| < 1$ ist, eine innerhalb des Einheitskreises gelegene Ellipse dar mit den Halbachsen $a_o = \frac{1-b}{2}$, $b_o = \sqrt{\frac{1-b}{2}} = \sqrt{a_o \cdot 1}$, und wenn $|b| > 1$ ist, eine außerhalb des Einheitskreises gelegene Ellipse, Parabel oder Hyperbel, je nachdem $b < -1$, $b = \infty$, $b > 1$ ist. Für den Wert $b = 1$ stellt die Gleichung (7) die Doppelgerade $x = 1$ dar, und für den Wert $b = -1$ den Einheitskreis.

Im Falle der Parabel ($b = \infty$) geht die Gleichung (7′) in die spezielle Gleichung über

$$(7^*) \quad y^2 = 2 \cdot (1-x) .$$

19. Für jeden Grenzkreis in der (x,y)- Ebene ist stets der Einheitskreis der Krümmungskreis.

Die Fig. 26 zeigt uns die Grenzkreise mit dem Mittelpunkt A in der (x,y)- Ebene.

Durch die Rotation des einzelnen Grenzkreises der (x,y)- Ebene um die x- Achse beschreibt dieser die zugehörige Grenzkugel mit dem Mittelpunkt A.

Die Gleichung dieser Grenzkugel lautet also

$$(8) \quad x^2-(1+b)\cdot x + \frac{1-b}{2}(y^2+z^2) + b = 0 \quad \text{oder}$$

$$(8') \quad \frac{\left(x - \frac{1+b}{2}\right)^2}{\left(\frac{1-b}{2}\right)^2} + \frac{y^2+z^2}{\frac{1-b}{2}} = 1$$

mit dem speziellen Falle

$$(8^*) \quad y^2 + z^2 = 2 \cdot (1 - x).$$

20. Euklidisch ist diese Grenzkugel allgemein also gemäß dem Satze 18 ein innerhalb der absoluten Fläche gelegenes Rotationsellipsoid, Rotationsparaboloid(Gleichung 8^*) oder zweischaliges Rotationshyperboloid.

20 a. Jede solche Grenzkugel ist nichteuklidisch eine orthogonale Trajektone des Strahlenbündels mit dem Träger A.

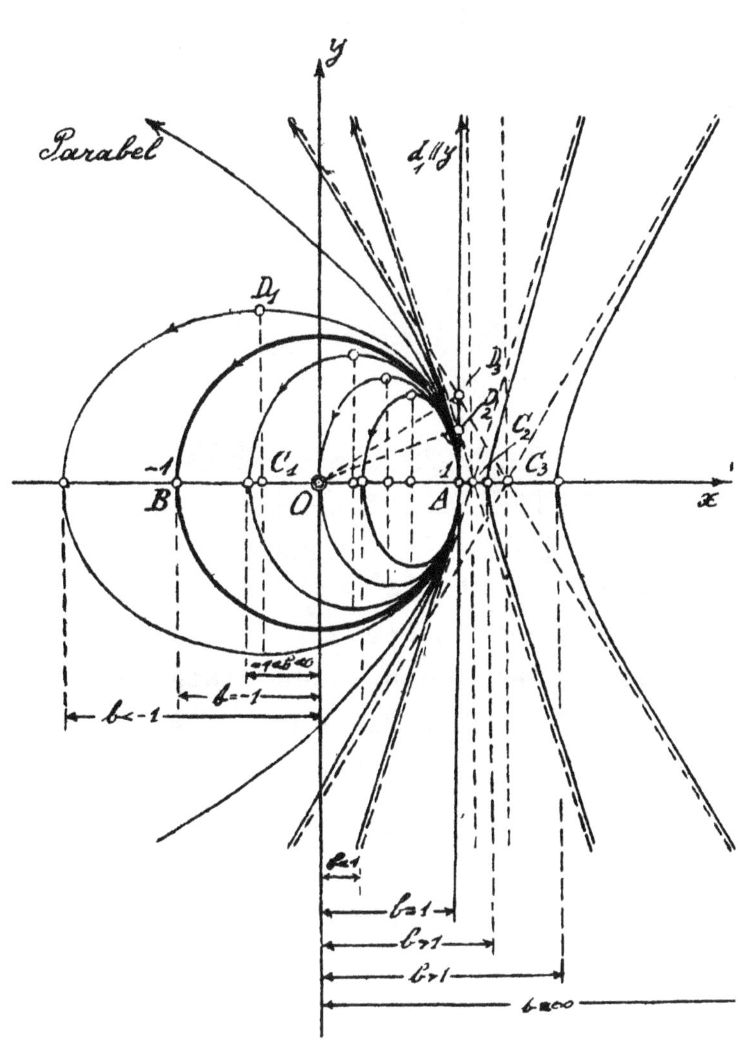

Fig. 26.

Denn gemäß dem Satze 17a und gemäß der Tatsache, daß die Grenzkugel zur (x,y)- Ebene euklidisch und nichteuklidisch symmetrisch ist, stehen die Strahlen des Strahlenbüschels mit dem Träger A in der (x,y)- Ebene euklidisch und nichteuklidisch auf der Grenzkugel senkrecht, und wegen der Rotationssymmetrie der Grenzkugel bezüglich der x- Achse folgt dann sofort der Satz 20a. Nebenbei sei bemerkt: Ihrer Entstehung gemäß geht die einzelne Grenzkugel mit dem Mittelpunkt A bei der euklidischen und nichteuklidischen Drehung um die x- Achse in sich über. -

Es gilt jetzt aber weiter der wichtige Satz:

21. Jede solche Grenzkugel mit der Gleichung ($8'$) oder (8^*) geht durch unsere Grenzdrehung mit den Gleichungen (1a-d) für jeden Wert δ in sich über.

Wir können analytisch den Satz 21 wie folgt beweisen: Die Gleichung des Grenzkreises in der (x,z)- Ebene lautet ja(Fig.27)

(9) $x^2 - (1 + b)\cdot x + \frac{1 - b^2}{2}\cdot z^2 + b = 0$, (vgl. die Gleichung (8) für $y = 0$).

Ein Punkt P_0 auf diesem Grenzkreis mit der Abszisse x_0 und mit positiver z - Koordinate hat aber die unhomogenen Koordinaten $x = x_0$, $y = 0$, $z = z_0 \geqq 0$, wo dann $z_0^2 = \frac{2\cdot(1-x_0)\cdot(x_0-b)}{1-b}$ ist.

Der aus diesem Punkt P_0 hervorgehende Punkt P hat nach den Gleichungen (1a-d) der Grenzdrehung die Koordinaten

(10a-d)
$$\varrho\cdot x^* = x_0 + \frac{1 - x_0}{2\delta^2},$$
$$\varrho\cdot y^* = -\frac{1 - x_0}{\delta},$$
$$\varrho\cdot z^* = z_0,$$
$$\varrho\cdot w^* = 1 + \frac{1 - x_0}{2\delta^2}$$

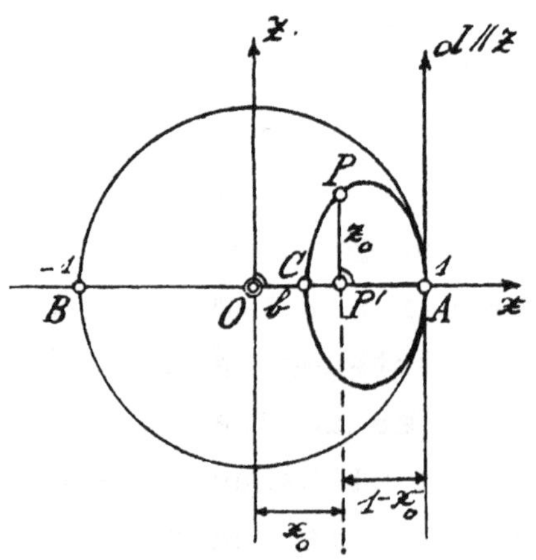

Fig. 27.

22. Diese Gleichungen stellen also die Bahnkurve des Punktes$(x_0, 0, z_0)$ mit dem Parameter δ dar.

Dieser Punkt (x^*, y^*, z^*, w^*) liegt nun für jeden Wert δ, wie eine einfache, wenn auch etwas umständliche Rechnung zeigt, in der Tat auf der Grenzkugel mit der Gleichung (8) und außerdem auf der Ebene $z = \frac{z_0}{1-x_0}\cdot(w-x)$, die durch den Punkt P_0 und die Gerade d_1 mit ihren Gleichungen $x=w$, $z=0$ geht,(vgl. den Satz 11). Hiermit ist der Satz 20 bewiesen.

Wir heben noch hervor:

23. Die einzelne Grenzkugel ist völlig bestimmt, wenn nur einer ihrer allgemeinen Punkte P_0 mit den Koordinaten (x_0, y_0, z_0), z.B. ein Punkt P_0 in der (x,z)- Ebene, gegeben ist.

Denn dann ist nach der Gleichung (8) die Größe b eindeutig festgelegt. Nach dem Satze 21 und dem Satze 11 folgt weiter sogleich:

24. Die Bahnkurve eines beliebigen Punktes P, insbesondere eines beliebigen Anfangspunktes P_0 in der (x,z)- Ebene, ist der Schnitt der zugehörigen Grenzkugel mit ihrer Gleichung (8) und der Ebene durch den Punkt P und der Geraden d_1, also ein bestimmter Grenzkreis.

24a. Jeder Grenzkreis in einer Ebene durch die Gerade d_1, insbesondere in der (x,y) - Ebene, geht durch die Grenzdrehung im Ganzen in sich über.

Auch folgt aus den Sätzen 12 und 21 :

25. Jeder Grenzkreis in einer beliebigen Ebene durch den Mittelpunkt A der zugehörigen Grenzkugel geht stets wieder in einen Grenzkreis auf dieser Grenzkugel über.

Ferner gelten auch ersichtlich die Sätze:

26. Die Ebenen durch die d - Achse stehen auf den Ebenen durch die d_1 - Achse nichteuklidisch senkrecht, (vgl. den Satz 4 des § 4). Insbesondere steht also die Ebene durch die d - Achse und die x - Achse, die (x,z)- Ebene, auf allen Ebenen durch die d_1 - Achse nichteuklidisch (und auch euklidisch) senkrecht.

27. Auf einer Grenzkugel mit dem Mittelpunkt A stehen die Grenzkreise in den Ebenen durch die d - Achse und die Grenzkreise in den Ebenen durch die d_1- Achse nichteuklidisch aufeinander senkrecht, mit andern Worten: Die beiden genannten Schaaren von Grenzkreisen bilden nichteuklidisch ein orthogonales System.

Insbesondere steht der Grenzkreis in der (x,z)- Ebene, bzw. in der (x,y)- Ebene auf allen Grenzkreisen in den Ebenen durch die d_1 - Achse, bzw. durch die d - Achse nichteuklidisch (und auch euklidisch) senkrecht.

Bei der Grenzdrehung oder der polaren Grenzdrehung um die d-Achse sind gleichsam die Grenzkugeln an die Stelle der Abstandsflächen bei der Drehung oder polaren Drehung um die x- Achse getreten, (vgl. den Grenzübergang im Abschnitt II). Bei der einzelnen unserer Grenzkugeln können wir demnach die Schnittkurven mit den Ebenen durch die d - Achse als Grenzmeridiane, die Schnittkurven mit den Ebenen durch die d_1- Achse als Grenzbreitenkreise für die Grenzdrehung um die d- Achse bezeichnen (vgl. den Satz 27).

Wir können nun auch leicht den Grenzkreis geometrisch konstruieren, wenn sein Anfangspunkt P_0 in der (x,z)- Ebene innerhalb oder außerhalb der absoluten Fläche beliebig gegeben ist, (vgl. die

Gleichungen(8) und (10a-d) mit dem Satze 22). Der Grenzkreis liegt ja in der (zur (x,z)- Ebene nichteuklidisch und euklidisch senkrechten) Ebene durch den Punkt P_0 und die der Achse. Der Schnittkreis dieser Ebene mit der absoluten Fläche ist in leichter Verallgemeinerung des Satzes 19 auch der Krümmungskreis des Grenzkreises im Punkte A. Denn in der Ebene (P_0, d_1) gilt die hyperbolische Geometrie mit diesem Schnittkreis als absoluterKurve,(Fig. 28a). Wir können daher in der Ebene (P_0, d_1) um die Gerade A P_0 in der (x,z)- Ebene hiernach den Grenzkreis mit der Strecke A P_0 als seiner einen Achse leicht konstruieren. Es ist sofort zu erkennen, ob der Grenzkreis euklidisch eine Ellipse, Parabel oder Hyperbel ist. Im Falle der Ellipse und Hyperbel ist einfach die Konstruktion nach der Formel für den Krümmungsradius im Schnittpunkt A, nämlich $\rho = \frac{b_0^2}{a_0}$, auszuführen,wo die euklidische Halbachse $a_0 = \frac{A\,P}{2}$ ist. Im Falle der Parabel, d.h.wenn P_0 ein euklidisch unendlichferner Punkt ist, ist der Krümmungsradius ρ für den Scheitelpunkt A gleich dem Parameter der Parabel.

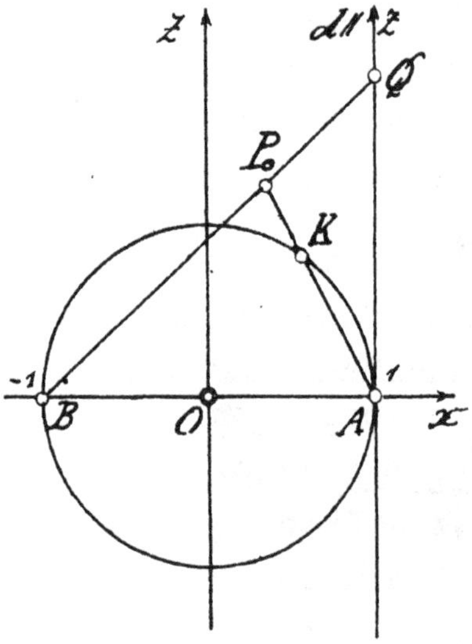

Fig.28.a

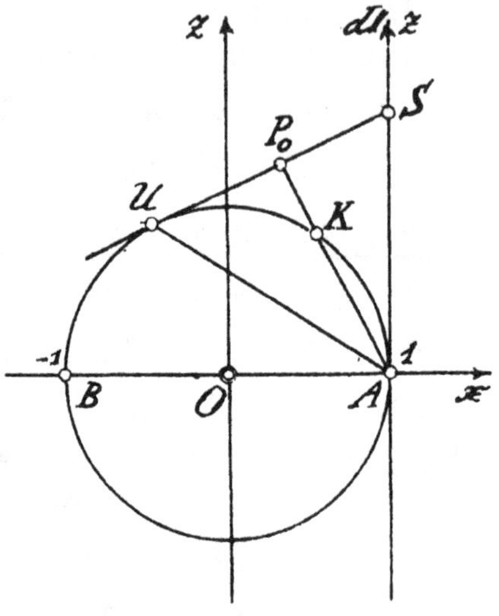

Fig.28.b.

Wir können auch noch folgende Konstruktion des Grenzkreises angeben: Wir ziehen in der Fig. 28.a die Gerade P_0 B mit dem Schnittpunkt Q auf der d- Achse. Der geometrische Ort der Geraden Q B bei der Grenzdrehung um die d- Achse ist der Kegel mit der Spitze Q und der Basis des absoluten Kreises in der (x,y)-Ebene. Der gesuchte Grenzkreis ist der leicht zu konstruierende Schnitt dieses schiefen Kreiskegels mit der zur (x,z)- Ebene senkrechten Ebene durch die Gerade A P_0

Wenn der Anfangspunkt P_0 außerhalb der absoluten Fläche liegt, so können wir auch durch diesen Punkt die eine oder andere reelle Tangente an den absoluten Kreis in der (x,z)- Ebene legen mit dem Berührungspunkt U und dem Schnittpunkt S auf der d- Achse,(Fig. 28b). Der geometrische Ort der Geraden S U bei der Grenzdrehung ist der gerade Kreiskegel mit der Spitze S und dem euklidischen Kreis über dem Durchmesser A U als Basis. Der leicht zu konstruierende Schnitt dieses Kreiskegels mit der zur (x,z)-Ebene senkrechten Ebene durch die Gerade A P_0 ist der gesuchte Grenzkreis.

V. Wir wollen noch einen interessanten Satz erwähnen, der die Beziehung eines Grenzkreises, etwa in der (x,y)- Ebene, und des zugehörigen Schnittes seiner Ebene mit der absoluten Fläche tiefer erkennen läßt, Der Grenzkreis ist in der (x,y)- Ebene durch den Punkt O^* der x- Achse oder durch die Strecke O Q^* = b festgelegt,(vgl. die Gleichung (7) und den Satz 18). Die Tangente des absoluten Kreises im Punkte B und die Tangente des Grenzkreises im Punkte O^* schneiden sich auf der d_1- Achse im euklidischen unendlichfernen Punkte T^∞, (Fig.29). Durch die Grenzdrehung um die d- Achse mit dem Paramter δ gehen die Punkte P,Q^* in die zwei neuen Punkte R^*, S^* des absoluten Kreises und des Grenzkreises auf einer Geraden durch den Punkt A über, während der Schnittpunkt der Tangenten von B^* und O^* in einen anderen Punkt T^* der d_1- Achse gewandert ist,(Fig. 29). Es gilt somit der Satz:

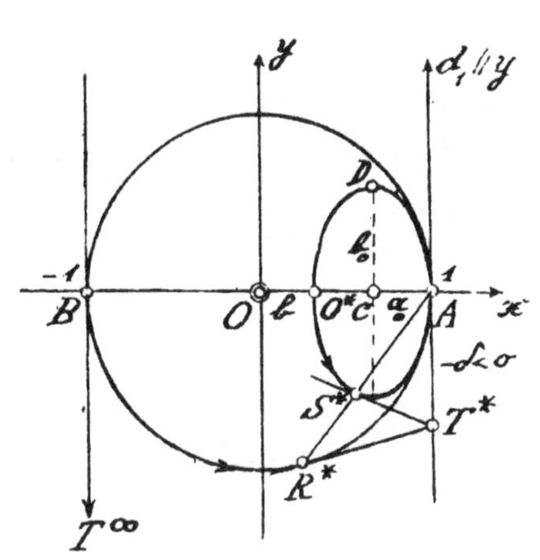

Fig.29.

28a. Jeder Grenzkreis mit dem Mittelpunkt A und sein Krümmungskreis im Punkte A in einer Ebene durch den Punkt A haben die allgemeine Eigenschaft, daß die Tangenten in den Schnittpunkten einer beliebigen Geraden durch A mit den beiden Kurven sich auf der gemeinsamen Tangente im Punkte A schneiden. *)

*) Im Grunde handelt es sich hier bei den Sätzen 28a,b um allgemeine Sätze der projektiven Geometrie, da eben jeder Kegelschnitt und der Krümmungskreis in einem seiner Scheitelpunkte die analogen Sätze erfüllen.Diese Sätze sind noch in mehrfacher Hinsicht der Verallgemeinerung fähig.

Die Figur 29a veranschaulicht noch den Satz für das Beispiel der Parabel als des Grenzkreises in der (x,y)- Ebene. Wir können den Satz 28a auch leicht wie folgt analytisch beweisen: Wir betrachten die projektive Transformation der (x,y)- Ebene mit den Gleichungen

$$(11a,b) \qquad x^* = \frac{(3-b)\ x-(1+b)}{(1+b)\ x+(1-3b)} \ ,$$

$$y^* = \frac{2 \cdot (1-b)\ y}{(1+b)x+(1-3b)}$$

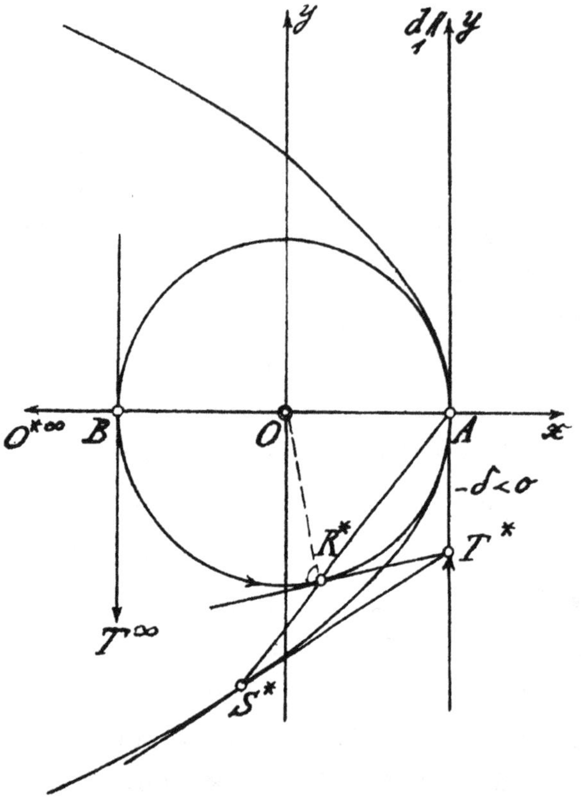

Fig.29a.

Durch diese Transformation geht die Gleichung $x=1$ in die Gleichung $x^*=1$ über und es ist für den Wert $x=1$ zugleich $y^*=y$, d.h. die Gerade $x=1$ entspricht sich punktweise selbst. Und es gilt weiter die Gleichung $\frac{y^*}{x^*-1} = \frac{y}{x-1}$, d.h. jede Gerade durch den Punkt $A(1,0)$ geht in sich selbst über. Endlich aber geht der absolute Kreis $x^{*2} + y^{*2} = 1$ in den Grenzkreis $x^2-(1+b)x+ \frac{1-b}{2} \cdot y^2 + b=0$ über ,(vgl. die Gleichung(7)). Hiermit ist der Satz 28a bewiesen. Es gilt auch der folgende allgemeinen Satz:

28b. <u>Es seien in der (x,y) - Ebene auf dem Grenzkreis und seinem euklidischen Krümmungskreis, dem absoluten Einheitskreis, die Punktpaare P_1Q_1 und P_2Q_2 gegeben, wo die Verbindungslinien P_1P_2 und Q_1Q_2 durch den Punkt A gehen. Dann schneiden sich wieder die Geraden P_1Q_1 und P_2Q_2 auf der gemeinsamen Tangente des Punktes A, d.h. auf der d_1- Achse, in einem Punkte W.</u>

Dieser Satz 28b ist analog wie der Satz 28a zu beweisen. Wir können noch die Pole R_1 und R_2 der Geraden P_1Q_1 und P_2Q_2 bzw. für den Grenzkreis und den absoluten Einheitskreis hinzufügen.

Dann sind diese Pole R_1, R_2 auch entsprechende Punkte der Transformation (11a,b). Es geht also auch die Verbindungslinie R_1R_2 durch den Punkt A. Nach dem Satze von den perspektiven Dreiecken, dem Satze von Desargues, liegen dann auch die drei Schnittpunkte U,V,W der entsprechenden Seiten der Dreiecke $P_1Q_1R_1$ und $P_2Q_2R_2$ auf der d_1- Achse.

VI. Wir wollen nun einmal die <u>übrigens vertauschbare Aufeinanderfolge einer einzelnen Grenzdrehung um die Achse d und einer einzelnen polaren Grenzdrehung um die Achse d</u> (oder die Grenzdrehung um die Achse d_1) betrachten.

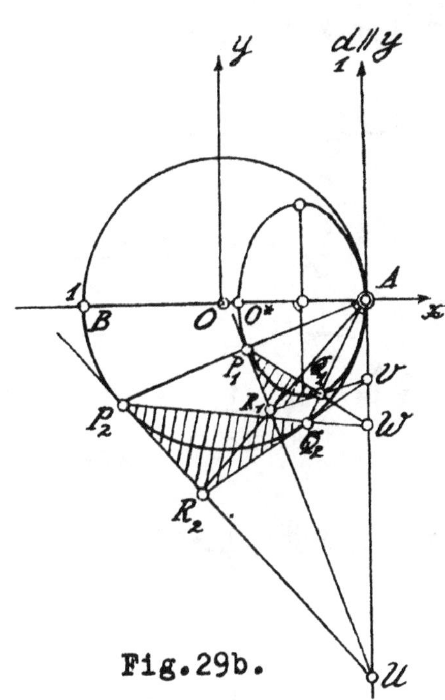

Fig.29b.

Es soll also nach den Gleichungen (1a-d) sein

(I)

$$\rho_I \cdot x_I = \left(1-\frac{1}{2\delta^2}\right)\cdot x - \frac{1}{\delta}\cdot y + \frac{1}{2\delta^2}\cdot w,$$

$$\rho_I \cdot y_I = \frac{1}{\delta}\cdot x + y - \frac{1}{\delta}\cdot w,$$

$$\rho_I \cdot z_I = z,$$

$$\rho_I \cdot w_I = -\frac{1}{2\delta^2} - \frac{1}{\delta}\cdot y + \left(1+\frac{1}{2\delta^2}\right)\cdot w,$$

mit dem Parameter $\delta = A\,Q$ und den Ungleichungen $0 < |\delta| \leq +\infty$, (Fig. 30a,b in der Ebene $x = 1$; vgl. den Satz 1), und sodann analog

(II)
$$\rho^* \cdot x^* = \left(1-\frac{1}{2\delta_1^2}\right)\cdot x_I + \frac{1}{\delta_1}\cdot z_I + \frac{1}{2\delta_1^2}\cdot w_I,$$

$$\rho^* \cdot y^* = y_I,$$

$$\rho^* \cdot z^* = -\frac{1}{\delta_1}\cdot x_I + z_I + \frac{1}{\delta_1}\cdot w_I,$$

$$\rho^* \cdot w^* = -\frac{1}{2\delta_1^2}\cdot x_I + \frac{1}{\delta_1}\cdot z_I + \left(1+\frac{1}{2\delta_1^2}\right)\cdot w_I$$

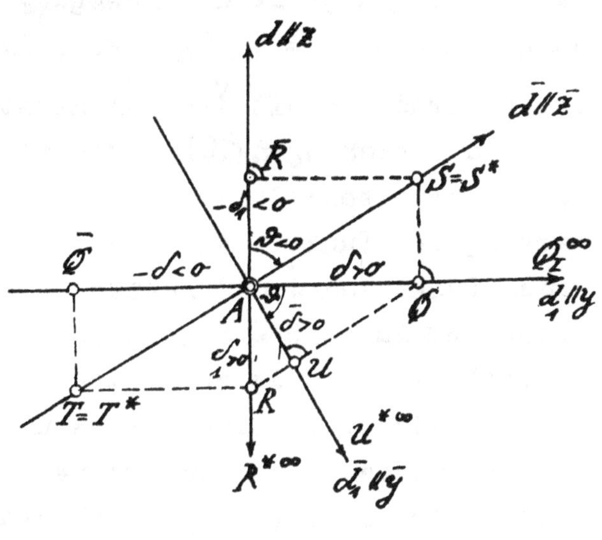

Fig.30a
$(\delta > 0, \delta_1 > 0, \vartheta < 0)$

mit dem Parameter $\delta_1 = A\,R$ und den Ungleichungen $0 < |\delta_1| \leqq +\infty$ In der Fig. 30a ist $\delta > 0$ und $\delta_1 > 0$, in der Fig. 30b $\delta > 0$ und $\delta_1 < 0$ gewählt. (Wir können noch zwei analoge Figuren hinzugefügt denken, nämlich für die Fälle, daß $\delta < 0$, $\delta_1 < 0$, bzw. $\delta < 0$, $\delta_1 > 0$ gewählt ist).

Die zusammengesetzte Bewegung ist dann durch die Gleichungen gegeben

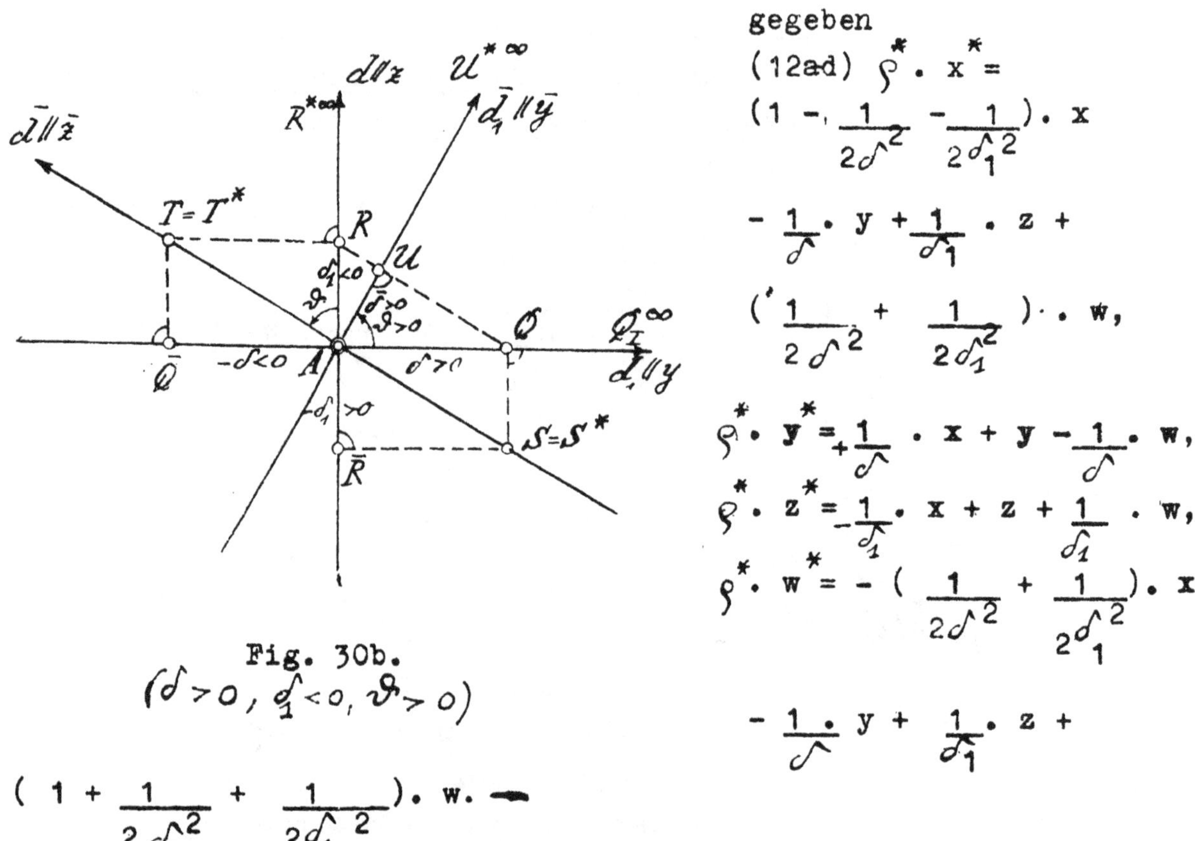

Fig. 30b.
$(\delta > 0,\ \delta_1 < 0,\ \vartheta > 0)$

$$(12ad)\quad \rho^* \cdot x^* = \left(1 - \frac{1}{2\delta^2} - \frac{1}{2\delta_1^2}\right) \cdot x - \frac{1}{\delta} \cdot y + \frac{1}{\delta_1} \cdot z + \left(\frac{1}{2\delta^2} + \frac{1}{2\delta_1^2}\right) \cdot w,$$

$$\rho^* \cdot y^* = +\frac{1}{\delta} \cdot x + y - \frac{1}{\delta} \cdot w,$$

$$\rho^* \cdot z^* = -\frac{1}{\delta_1} \cdot x + z + \frac{1}{\delta_1} \cdot w,$$

$$\rho^* \cdot w^* = -\left(\frac{1}{2\delta^2} + \frac{1}{2\delta_1^2}\right) \cdot x - \frac{1}{\delta} \cdot y + \frac{1}{\delta_1} \cdot z + \left(1 + \frac{1}{2\delta^2} + \frac{1}{2\delta_1^2}\right) \cdot w. -$$

Wir betrachten jetzt die Bewegung in der Geraden $\bar{d}$ mit den Gleichungen $x = w$, $z = \frac{\delta_1}{\delta} \cdot y$, (Fig. 30a,b). Ein beliebiger Punkt dieser Geraden $\bar{d}$ mit den Koordinaten $x_0, y_0, z_0 = \frac{\delta_1}{\delta} \cdot y_0, w_0 = x_0$ geht nach den Gleichungen (12) ersichtlich in sich über. Wir erkennen auch geometrisch: Gemäß dem Satze 8 entspricht bei der ersten Teilbewegung der Punkt S der Figuren 30a,b dem euklidisch unendlichfernen Punkt von $\bar{d}$ und letzterer bei der zweiten Teilbewegung wieder dem Punkt $S = S^*$, da ja auch durch die erste, bzw. zweite Teilbewegung jede euklidische Senkrechte zur d_1- Achse, bzw. d- Achse wieder in eine solche übergeht. Analog entspricht bei der Aufeinanderfolge der zweiten und ersten Teilbewegung der Punkt T sich selbst, (vgl. auch den Satz 15).

Es entspricht also auch <u>jeder</u> Punkt der Geraden d sich selbst.

Wir zeigen dementsprechend leicht:

29. Die Bewegung mit den Gleichungen (12a-d), d.h. die Grenzschraubung um die Achse d oder auch um die Achse d_1, ist identisch mit der Genzdrehung um die Achse $\bar{d}$.

Bei diesem Nachweis wollen wir uns auf die Fälle der Figuren 30a, b beschränken. Wir führen ein neues $(\bar{x},\bar{y},\bar{z})$ - Koordinatensystem ein, das aus dem (x,y,z) - Koordinatensystem durch die Transformation

(13a-d)
$$\begin{aligned}\bar{\varrho}\cdot\bar{x} &= x,\\ \bar{\varrho}\cdot\bar{y} &= \cos\vartheta\cdot y + \sin\vartheta\cdot z,\\ \bar{\varrho}\cdot\bar{z} &= -\sin\vartheta\cdot y + \cos\vartheta\cdot z,\\ \bar{\varrho}\cdot\bar{w} &= w,\end{aligned}$$

d.h. durch die Drehung um die x-Achse durch den (euklidischen und nichteuklidischen) Winkel ϑ hervorgeht. Hier sei der Winkel ϑ gleich dem euklidischen Winkel zwischen den $\bar{d}$- und d-Achsen, so daß die Gerade $\bar{d}$ parallel zur $\bar{z}$-Achse und die absolute Polare $\bar{d}_1$ von $\bar{d}$ parallel zur $\bar{y}$-Achse ist. Wir können die Ungleichungen festsetzen

$$-\frac{\pi}{2}\leqq\vartheta<\frac{\pi}{2}.$$

Es ist also $\operatorname{tg}\vartheta = -\frac{\delta}{\delta_1}$, d.h. ϑ ist negativ, bzw. positiv, je nachdem die Parameter δ und δ_1 gleiches, bzw. ungleiches Vorzeichen besitzen. (Fig. 30a,b). Es ist hiermit auch

$$\sin\vartheta = \frac{\delta}{\mp\sqrt{\delta^2+\delta_1^2}},$$

$$\cos\vartheta = \frac{\delta_1}{\pm\sqrt{\delta^2+\delta_1^2}},$$ wo im Falle der Fig. 30a, bzw. 30b

die oberen, bzw. unteren Vorzeichen gelten. Die Koordinatentransformation (13a-d) können wir also auch in der Form darstellen

(13a-d)
$$\begin{aligned}\bar{\varrho}\cdot\bar{x} &= x,\\ \bar{\varrho}\cdot\bar{y} &= \frac{\delta_1\cdot y-\delta\cdot z}{\pm\sqrt{\delta^2+\delta_1^2}},\\ \bar{\varrho}\quad\bar{z} &= \frac{\delta\cdot y+\delta_1\cdot z}{\pm\sqrt{\delta^2+\delta_1^2}},\\ \bar{\varrho}\cdot\bar{w} &= w.\end{aligned}$$

Diese Koordinatentransformation lautet umgekehrt

(13"a-d)
$$\frac{1}{\bar{\varrho}} \cdot x = \bar{x}$$
$$\frac{1}{\bar{\varrho}} \cdot y = \frac{\delta_1 \bar{y} + \delta \cdot \bar{z}}{\pm\sqrt{\delta^2 + \delta_1^2}},$$
$$\frac{1}{\bar{\varrho}} \cdot z = \frac{-\delta \cdot \bar{y} + \delta_1 \cdot \bar{z}}{\pm\sqrt{\delta^2 + \delta_1^2}},$$
$$\frac{1}{\bar{\varrho}} \cdot w = \bar{w} .$$

Durch diese Koordinatentransformation gehen jetzt die Gleichungen (12a-d) über in die folgenden, wobei wir wieder den Proportionalitätsfaktor ϱ^* wählen und die Wurzel das + oder - Vorzeichen hat

$$\varrho^* \cdot \bar{x}^* = \left(1 - \frac{1}{2\delta^2} - \frac{1}{2\delta_1^2}\right) \cdot \bar{x} - \frac{1}{\delta} \cdot \frac{\delta_1 \cdot \bar{y} + \delta \cdot \bar{z}}{\sqrt{\delta^2 + \delta_1^2}} + \frac{1}{\delta_1} \cdot \frac{-\delta \cdot \bar{y} + \delta_1 \cdot \bar{z}}{\sqrt{\delta^2 + \delta_1^2}} + \left(\frac{1}{2\delta^2} + \frac{1}{2\delta_1^2}\right) \cdot \bar{w},$$

$$\varrho^* \cdot \frac{\delta_1 \cdot \bar{y}^* + \delta \cdot \bar{z}^*}{\sqrt{\delta^2 + \delta_1^2}} = \frac{1}{\delta} \cdot \bar{x} + \frac{\delta_1 \cdot \bar{y} + \delta \cdot \bar{z}}{\sqrt{\delta^2 + \delta_1^2}} - \frac{1}{\delta} \bar{w},$$

$$\varrho^* \cdot \frac{-\delta \cdot \bar{y}^* + \delta_1 \cdot \bar{z}^*}{\sqrt{\delta^2 + \delta_1^2}} = -\frac{1}{\delta_1} \cdot \bar{x} + \frac{-\delta \cdot \bar{y} + \delta_1 \cdot \bar{z}}{\sqrt{\delta^2 + \delta_1^2}} + \frac{1}{\delta_1} \cdot \bar{w},$$

$$\varrho^* \cdot \bar{w}^* = -\left(\frac{1}{2\delta^2} + \frac{1}{2\delta_1^2}\right) \cdot \bar{x} - \frac{1}{\delta} \cdot \frac{\delta_1 \cdot \bar{y} + \delta \bar{z}}{\sqrt{\delta^2 + \delta_1^2}} + \frac{1}{\delta_1} \cdot \frac{-\delta \cdot \bar{y} + \delta_1 \bar{z}}{\sqrt{\delta^2 + \delta_1^2}} + \left(1 + \frac{1}{2\delta^2} + \frac{1}{2\delta_1^2}\right) \cdot \bar{w},$$

oder,

(12'a-d)
$$\varrho^* \cdot \bar{x}^* = \left(1 - \frac{\delta^2 + \delta_1^2}{2\delta^2 \cdot \delta_1^2}\right) \cdot \bar{x} - \frac{\sqrt{\delta^2 + \delta_1^2}}{\delta \cdot \delta_1} \cdot \bar{y} - \frac{\delta^2 + \delta_1^2}{2\delta^2 \cdot \delta_1^2} \cdot \bar{w},$$

$$\varrho^* \cdot \bar{y}^* = \frac{\sqrt{\delta^2 + \delta_1^2}}{\delta \cdot \delta_1} \cdot \bar{x} + \bar{y} - \frac{\sqrt{\delta^2 + \delta_1^2}}{\delta \cdot \delta_1} \cdot \bar{w},$$

$$\rho^*\cdot \bar{z}^* = \bar{z},$$

$$\rho^*\cdot \bar{w}^* = -\frac{\delta^2+\delta_1^2}{2\delta^2\cdot\delta_1^2}\cdot\bar{x}-\frac{\sqrt{\delta^2+\delta_1^2}}{\delta\cdot\delta_1}\cdot\bar{y}+\left(1+\frac{\delta^2+\delta_1^2}{2\delta^2\cdot\delta_1^2}\right)\cdot\bar{w}.$$

Wir setzen nun noch

(14) $$\frac{\sqrt{\delta^2+\delta_1^2}}{\delta\cdot\delta_1} = \frac{1}{\bar{\delta}}$$

Hier ist also der Parameter $\bar{\delta}$ positiv im Falle der Figuren 30a,b. Wenn aber die Parameter δ, δ_1 beide negativ oder δ negativ und δ_1 positiv sind, so ist $\frac{1}{\bar{\delta}}$ stets negativ, (vgl. hier die entsprechenden Figuren zu den Figuren 30a,b). Es ergibt sich also schließlich

(12" a-d) $$\rho^*\cdot \bar{x}^* = \left(1-\frac{1}{2\bar{\delta}^2}\right)\cdot\bar{x}-\frac{1}{\bar{\delta}}\cdot\bar{y}+\frac{1}{2\bar{\delta}^2}\cdot\bar{w},$$

$$\rho^*\cdot \bar{y}^* = \frac{1}{\bar{\delta}}\cdot\bar{x}+\bar{y}-\frac{1}{\bar{\delta}}\cdot\bar{w},$$

$$\rho^*\cdot \bar{z}^* = \bar{z},$$

$$\rho^*\cdot \bar{w}^* = -\frac{1}{2\bar{\delta}^2}\cdot\bar{x}-\frac{1}{\bar{\delta}}\cdot\bar{y}+\left(1+\frac{1}{2\bar{\delta}^2}\right)\cdot\bar{w}.$$

Ein Blick auf die Gleichungen (12" a-d) läßt uns die Gleichheit beider Gleichungenquadrupel, abgesehen von der Bezeichnung, erkennen.

30. Die Gleichungen (12 " a-d) stellen daher in der Tat die Grenzdrehung um die Achse $\bar{d}$ mit dem Parameter $\bar{\delta}$ dar, (vgl. Fig. 30a,b). Wir erkennen auch leicht geometrisch in den Figuren 30a,b: Die Gerade QR geht durch die Grenzdrehung um die d- Achse in die euklidische Senkrechte zur d- Achse im Punkte R und der Punkt Q in den euklidisch unendlichfernen Punkt Q_I^∞ dieser Senkrechten, der Punkt U in den Schnittpunkt U_I der Senkrechten mit der Geraden $\bar{d}_1$ über. Durch diese Grenzdrehung um d_1 geht weiter diese Senkrechte in die euklidische unendlichferne Gerade über, da der Punkt R in den euklidisch unendlichfernen Punkt $R^{*\infty}$ übergeht, und der Punkt U_I in den euklidisch unendlichfernen Punkt $U^{*\infty}$ der Geraden $\bar{d}_1$. Dies aber besagt

31. Der Parameter $\bar{\delta}$ ist geometrisch durch die positive Strecke AU der Fig. 30a oder 30b gegeben, (vgl. die Gleichung (14)).

Es hat sich also ergeben:

32. Die Einführung des Begriffs der Grenzschraubung um die Achse d ist im Grunde überflüssig, da jede solche Grenzschraubung mit einer bestimmten Grenzdrehung um eine zugehörige bestimmte Achse $\bar{d}$ identisch ist.

Sind an die Stelle von δ und δ_1 die Paramter $\kappa\cdot\delta$ und $\kappa\cdot\delta_1$ getreten, wo κ eine von 0 verschiedene positive oder negative Konstante ist, so tritt an die Stelle der Gleichung (14) die Gleichung

$$(14^*)\qquad \frac{1}{\bar{\delta}^*} = \frac{1}{\kappa}\cdot\frac{\sqrt{\delta^2 + \delta_1^2}}{\delta\,\delta_1}.$$

Wir erhalten so auch den Begriff der kontinuirlichen Grenzschraubung um die Achse d entsprechend der kontinuirlichen Grenzdrehung um die Achse $\bar{d}$.

Es ist auch leicht geometrisch zu sehen:

33. Die Grenzmeridiane und Grenzbreitenkreise auf einer Grenzkugel bei der neuen Grenzdrehung um die Achse $\bar{d}$, also die Grenzschraubenlinien auf der Grenzkugel bei der Grenzschraubung um die alte Achse d, sind nichteuklidisch isogonale Trajektorien der Grenzmeridiane und Grenzbreitenkreise auf der Grenzkugel bei der alten Grenzdrehung um die Achse d.

Denn die Tangentenrichtungen der Grenzmeridiane, der Grenzbreitenkreise und der Grenzschraubenlinien gehen ja bei der Grenzschraubung um die Achse d wieder in solche über.

Wir wollen jetzt die Grenzmeridiane und Grenzbreitenkreise, sowie auch die einzelne Grenzschraubenlinie der Grenzdrehung um die alte Achse d vom Punkte A aus auf die absolute Fläche projiziert denken. Dann gilt auch der sofort zu erkennende Satz:

33a. Die Projektionskurve der Schraubenlinie ist euklidisch isogonale Trojektorie der Projektionskurven der Meridiane, sowie der Breitenkreise.

Hieraus folgt auch sofort der Satz 33, (vgl. den Satz 4 im Abschnitt II des § 4).

Es folgen aus unseren Betrachtungen auch sogleich noch die Sätze:

34a. Die Aufeinanderfolge von zwei Grenzdrehungen um zwei Achsen durch den Punkt A in der Tangentialebene des Punktes A ist gleichwertig einer einzigen Grenzdrehung um eine Achse durch den Punkt A in der Tangentialebene.

34 b. Die ∞^2 Grenzdrehungen mit dem Mittelpunkt A bilden eine

zweigliedrige Untergruppe der sechsgliedrigen Gruppe aller Bewegungen.

VII. Wir haben jedoch vor allem noch den Nachweis zu führen, daß es außer den abgeleiteten Grenzdrehungen keine anderen gleichsinnigen Bewegungen gibt, die allein den Punkt A auf der absoluten Fläche unverändert lassen. Um dies zu erkennen, wollen wir jedoch erst einen anderen interessanten Satz ableiten:

35. Es gibt stets und nur eine gleichsinnige Bewegung, welche den Punkt A unverändert läßt und die beliebigen Punkte R, S der absoluten Fläche in die Punkte R^*, S^* überführt.

Daß es überhaupt eine solche Bewegung gibt, beweisen wir wie folgt: Wir können eben leicht als die Aufeinanderfolge von mehreren der uns bereits bekannten speziellen Teilbewegungen eine Bewegung zusammensetzen, welche die Punkte A, R, S in die Punkte A^*, R^*, S^* überführt. Wir setzen zunächst voraus: Keiner der Punkte R, S und R^*, S^* soll in dem Punkte B mit den Koordinaten (- 1,0, 0) gelegen sein. Dann betrachten wir die Aufeinanderfolge der folgenden vier Teilbewegungen:

Die erste Teilbewegung sei die Schraubung um die x- Achse, welche den Punkt R in dem Punkt $R_I = R^*$ überführt. Hierdurch möge der Punkt S in den Punkt S_I übergehen. (Wenn der Punkt $S_I = S^*$ ist, so ist ja die erste Teilbewegung schon die gesuchte Bewegung).

Die zweite Teilbewegung sei die Grenzdrehung um eine bestimmte Achse $\bar{d}$ durch den Punkt A in der Tangentialebene x = 1, welche den Punkt $R_I = R^*$ in den Punkt R_{II} = B überführt. Hierdurch mögen die Punkte S_I und S^* in die Punkte S_{II} und S^*_{II} übergehen. (Diese Punkte S_{II} und S^*_{II} sind notwendig vom Punkte B verschieden).

Die dritte Teilbewegung sei die Schraubung um die x- Achse, welche den Punkt S_{II} in den Punkt S^*_{II} überführt.

Die vierte Teilbewegung sei endlich die umgekehrte Grenzdrehung um die Achse $\bar{d}$ zu der zweiten Teilbewegung. Diese führt dann die Punkte R_{II} = B und S^*_{II} in die Punkte R^* und S^* über.

Wenn jetzt aber einer der Punkte R, S, R^*, S^* in dem Punkte B gelegen ist, so führen wir vorerst eine Grenzdrehung um die Achse d // z durch den Punkt A aus, welche die vier Punkte R, S, R^*, S^* in vier andere Punkte R_o, S_o, R^*_o, S^*_o überführt, von denen keiner im Punkte B gelegen ist. Dann folgen wieder dieselben vier Teilbewegungen wie soeben, jedoch für die Ausgangspunkte R_o, S_o, R^*_o, S^*_o.

Endlich lassen wir dann noch die umgekehrte Grenzdrehung um die Achse $d \parallel z$ durch den Punkt A folgen. Diese führt die Punkte A, R_0^*, S_0^* in die Punkte A, R^*, S^* über.

Daß es aber <u>nur eine</u> solche Bewegung geben kann, welche die Punkte A,R,S in die Punkte A,R^*,S^* überführt, ergibt sich leicht durch folgende Betrachtung: Würde es nämlich zwei verschiedene (<u>gleichsinnige</u>) Bewegungen $\mathcal{L}_1, \mathcal{L}_2$ geben, welche die Punkte A,R, S in die Punkte A,R^*, S^* überführen, so würde die Aufeinanderfolge der Bewegung $\mathcal{L}_1$ und der umgekehrten Bewegung $\mathcal{L}_2^{-1}$ von $\mathcal{L}_2$ die Punkte A,R,S in sich überführen. Diese zusammengesetzte, gleichsinnige Bewegung $\mathcal{L}_1 \cdot \mathcal{L}_2^{-1}$ kann aber nur die Identität sein. Denn dann muß jeder Punkt T des Schnittkreises der Ebene A R S mit der absoluten Fläche sich selbst entsprechen, da ja das projektive Doppelverhältnis (ARST) unverändert sein muß. Weiter entspricht dann überhaupt jeder Punkt der Ebene A R S sich selbst. Auch der absolute Pol U der Ebene ARS entspricht sich selbst und damit auch jede Gerade durch den Pol U und jeder Schnittpunkt einer solchen Geraden mit der absoluten Fläche. Die Bewegungen $\mathcal{L}_1$ und $\mathcal{L}_2$ sind also identisch. Hiermit ist der Satz 35 bewiesen.

VIII. Wir wollen jetzt, um zu unseren am Anfang des vorigen Abschnittes ausgesprochenen Ziel zu gelangen, <u>die gleichsinnige Bewegung, welche die beliebigen Punkte A,R,S in die beliebigen Punkte A, R^*, S^*, auf der absoluten Fläche überführt, jetzt noch näher betrachten,</u> Wir können sogleich zur Vereinfachung unserer Betrachtung, ohne deren Allgemeinheit zu gefährden, die Punkte R,R^* in der (x,y)- Ebene und speziell den Punkt R^* im Punkte B gelegen denken. (Denn wir können ja die allgemein gelegenen Punktetripel A,R,S und A, R^*, S^* durch eine polare Grenzdrehung um die Schnittlinie der Ebene A B R^* mit der Ebene x = 1 als die Achse $\bar{d}_1$ in eine solche Lage bringen , daß der aus dem Punkte R^* hervorgehende Punkt der Punkt B ist, und darauf durch eine Drehung um die Achse A B der aus dem Punkt R hervorgegangene Punkt R_I in einen Punkt R_{II} der (x,y)- Ebene, vielleicht sogleich mit positiver y- Koordinate, gelangt. Diese letzte neue Lage der Punkte A,R.S und A,R^*, S^* wollen wir dann wieder mit diesen Buchstaben bezeichnet denken). Was wir für diese spezielle Lage der Punkte ableiten werden, gilt dann analog auch für die allgemeine Lage der Punkte.

Die gesammte Bewegung, welche die Punkte A,R,S in die Punkte A,

R^*, S^* überführt, sei jetzt allgemein als die Aufeinanderfolge von zwei Teilbewegungen dargestellt, nämlich einer bestimmten Grenzdrehung um die Achse d mit den Gleichungen $x = 1$, $y = 0$ und einer bestimmten Schraubung um die x- Achse mit den Paramtern α, β, wo $0 \leq \alpha < 2\pi$ und $-\infty < \beta < +\infty$ gilt. Die Grenzdrehung sei dadurch bestimmt, daß der Punkt R in den Punkt $R^* = B$ übergeht. (Wenn die Punkte R, R^* identisch sind, so fällt diese Grenzdrehung also fort). Diese Grenzdrehung führt dann den Punkt Q mit der Koordinate $y = \delta$ der d_1- Achse in den Punkt Q_I^∞ dieser Achse über, (Fig. 31, in der δ also positiv ist).

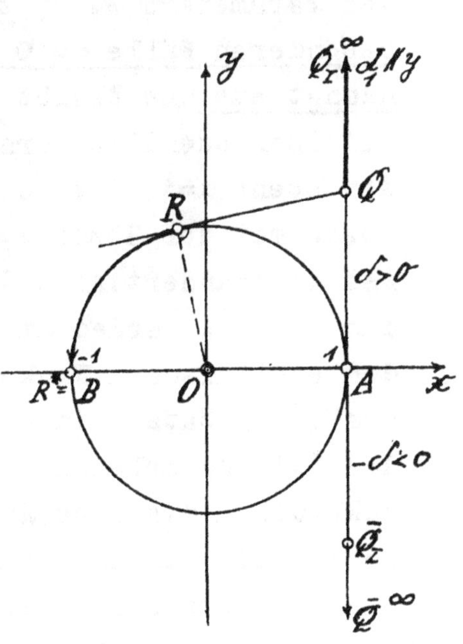

Fig. 31.

Hierdurch möge der Punkt S in den Punkt S_I übergehen. Wenn schon jetzt der Punkt S_I mit dem Punkt S^* identisch ist, so ist die gesammte Bewegung bereits die genannte Grenzdrehung (mit den Gleichungen (1a-d)); die Schraubung fällt also ganz fort. Im andern, allgemeinen Falle sei nun die Schraubung um die x- Achse dadurch bestimmt, daß der Punkt S_I in den (von ihm verschiedenen) Punkt S^* übergeht. (Es ist ja stets sowohl der Punkt S_I, wie der Punkt S^* vom Punkte B verschieden)

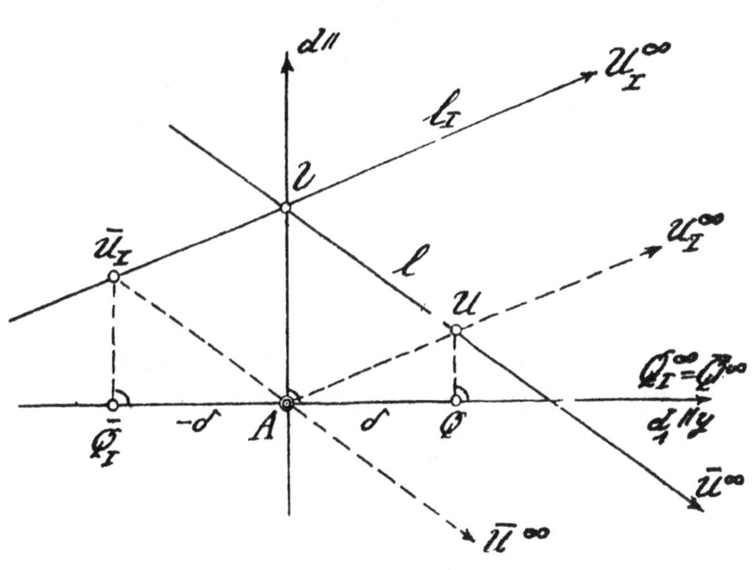

Fig. 32.
(in der Ebene x=1)

Wir betrachten weiter die Verhältnisse in der Ebene $x = 1$ für den allgemeinen Fall. Gemäß der ersten Teilbewegung, der Grenzdrehung um die Achse d mit dem Paramter δ, können wir, wie in Fig.32 ausgeführt ist, auf Grund der Sätze im Abschnitt I zu jeder Geraden l die entsprechende Gerade l_I konstruieren. Beide Geraden l, l_I schneiden sich ja auf der d-Achse in einem Punkte V und es entspricht dem Punkte U, dem Schnittpunkt der Ge=

raden ℓ mit der euklidischen Parallele durch den Punkt Q zur d-Achse, der Punkt U_I^∞ auf der Geraden A U. Der Geraden Q U entspricht eben die euklidisch unendlichferne Gerade der Ebene x=1. Also ist die euklidische Parallele durch den Punkt V zur Geraden A U_I^∞ die entsprechende Gerade ℓ_I. (Der Punkt U^∞ der Geraden ℓ geht hierbei zugleich in den Punkt $\bar{U}_I$ der Geraden ℓ_I über).

Bei der zweiten Teilbewegung, der Schraubung um die x- Achse mit den Parametern α, β, schließen wir die besonderen Fälle $\alpha = 0$ und $\alpha = \pi$ zunächst aus. Es bleibt stets die euklidisch unendlichferne Gerade x_1^∞ der Ebene x=1, der Schnitt dieser Ebene mit der Ebene x= -1, im Ganzen unverändert. Alle Geraden durch den Punkt A werden um diesen durch den euklidischen Winkel α gedreht, (vgl. den Satz 3 im Abschnitt II des §4) und erleiden von A aus noch euklidisch dieselbe ähnliche Veränderung mit dem Ähnlichkeitsverhältnis $\varepsilon = e^{-\beta}$, (vgl. den Satz 12 im Abschnitt IV des §3 und die Fig. 7

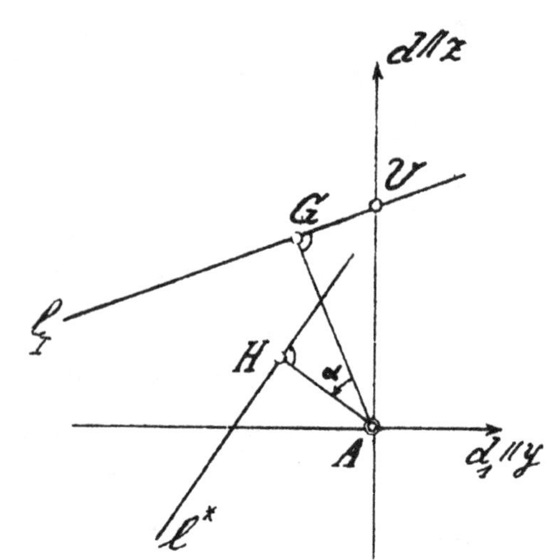

Fig. 33
(in der Ebene x-1)

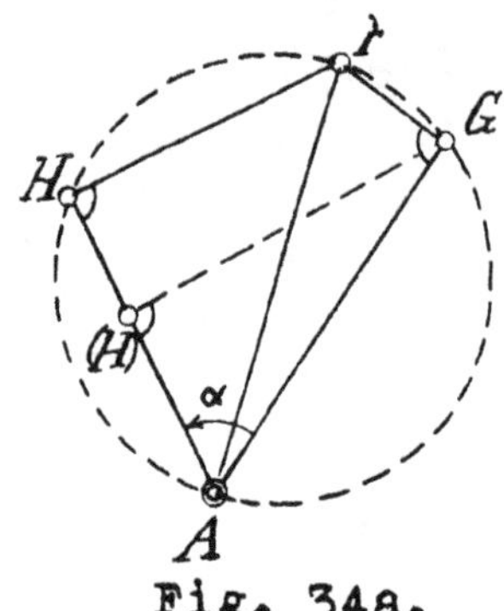

Fig. 34a.

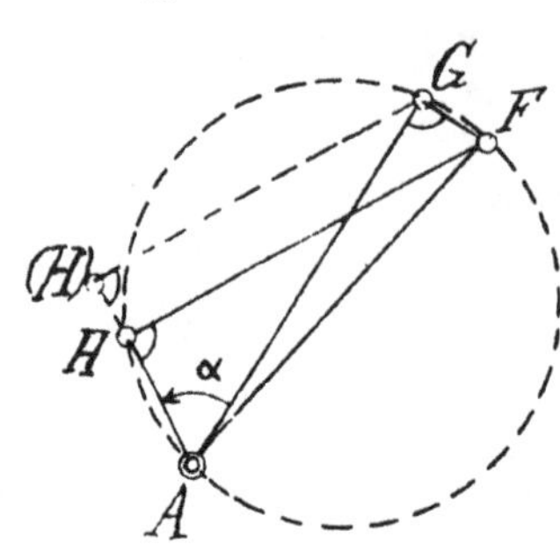

Fig. 34b.

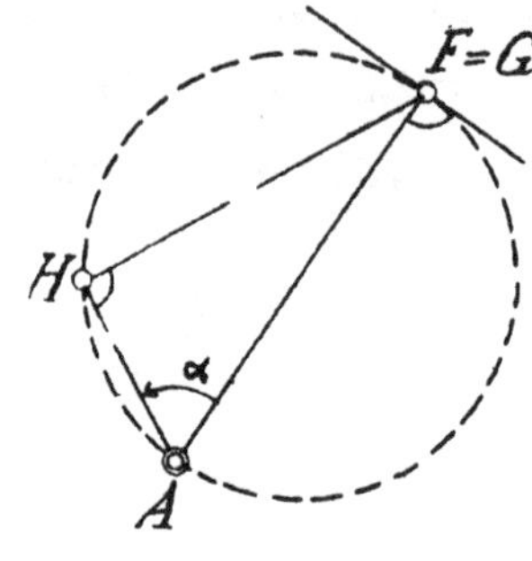

Fig. 34c.

daselbst).

36. Die Gerade ℓ^* geht also aus der Geraden O_I der Fig. 32 hervor durch die Drehung um den Punkt A durch den Winkel α und die Ähnlichkeitstransformation bezüglich A mit dem Ähnlichkeitsverhältnis

(15) $\frac{A\,H}{A\,G} = e^{-\beta} = \varepsilon$, wo $0 < \varepsilon < \infty$ gilt (Fig. 33 mit $\beta > 0$).

Nach diesen Vorbereitungen ist es nun leicht, den Satz zu beweisen:

37. Es gibt stets in der Ebene x=1 eine und nur eine Gerade ℓ_1 welche durch die Aufeinanderfolge der ersten und der zweiten Teil-

<u>bewegung, also durch die Gesammtbewegung, im Ganzen in sich über= geht.</u>

Wir können diesen Satz dadurch beweisen, daß wir sogleich diese einzige sich selbst entsprechende Gerade ℓ konstruieren. Zu dem Zweck zeichnen wir ein beliebiges Viereck A F G H mit dem Winkel α an der Ecke A, den rechten Winkeln an den Ecken G,H und dem Verhältnis der Seiten A H : A G = ε.

Das Viereck kann ein gewöhnliches oder ein überschlagenes Viereck oder der Übergangsfall sein,(Fig. 34a, b, c für $\alpha < \frac{\pi}{2}$, $\beta > 0$).

Wir können auch leicht die Bedingungen aufstellen, wann das Vier= eck ein überschlagenes ist oder nicht. Für den Winkel α im zweiten oder dritten Quadranten ist das Viereck stets ein gewöhnliches; für den Winkel im ersten oder vierten Quadranten ist das Viereck ein gewöhnliches oder überschlagenes, je nachdem $\varepsilon = \frac{AH}{AG} \gtrless \cos\alpha$ ist.

Wenn $\alpha = \frac{\pi}{2}$ oder $\alpha = \frac{3\pi}{2}$ ist, so ist das Viereck stets ein gewöhnli= ches. Dieses Viereck legen wir so in die Ebene x = 1, daß die Dia= gonale A F auf die d- Achse fällt, wobei es für das Folgende gleichgültig ist, in welcher Richtung von A aus dies geschieht, (Fig. 35 als Fortsetzung der Fig.34a).

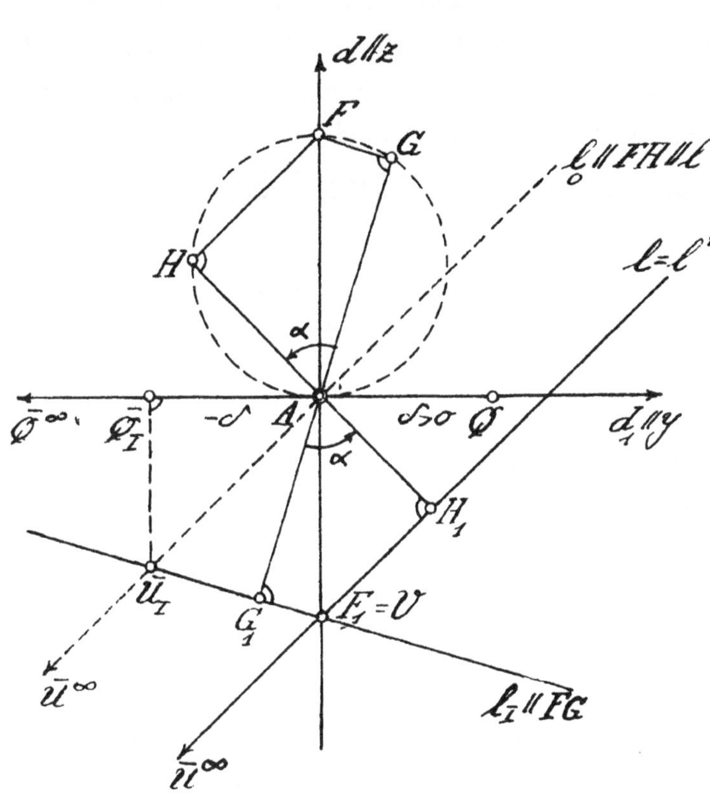

Fig 35
(in der Ebene x=1)

Wir ziehen jetzt durch den Punkt A die euklidi= sche Parallele ℓ_0 zur Geraden F H und bestim= men auf dieser Parallelen den Schnittpunkt $\bar{U}_I$ mit der euklidischen Senk= rechten im Punkte $\bar{Q}_I$ zur d_1- Achse, wo A $\bar{Q}_I$ = $-\delta$ ist,(vgl. Fig.31). Der Punkt $\bar{U}_I$ ist dann bei der ersten Teilbe= wegung, der Grenzdreh= ung um die d- Achse, der entsprechende Punkt zu dem euklidisch unendlich= fernen Punkt $\bar{U}^\infty$ der Ge= raden ℓ_0. Wir zeichnen weiter durch den Punkt

$\overline{U}_I$ die euklidische Parallele l_I zur Geraden FG mit dem Schnittpunkt F_1 = V auf der d-Achse und durch diesen Punkt V die euklidische Parallele l zur Geraden l_0.

38. Durch die Grenzdrehung, die erste Teilbewegung, geht dann die Gerade l in die Gerade l_I über, (vgl. die Fig. 32) und weiter durch die Schraubung um die x-Achse, die zweite Teilbewegung, die Gerade l_I in die Gerade $l^* = l$ zurück.
Hierbei sei noch hervorgehoben: Die Gerade l geht nicht durch den Punkt A und ist auch nicht die euklidisch unendlichferne Gerade der Ebene x = 1.
Jetzt aber entspricht weiter auch die von der Ebene x = 1 verschiedene Tangentialebene durch die sich selbst entsprechende Gerade l an die absolute Fläche sich selbst und damit auch ihr (vom Punkte A stets verschiedener) Berührungspunkt P.

39. Dann aber ist die genannte Bewegung notwendig eine Schraubung um die Achse AP, der absoluten Polaren zur Geraden l, also jedenfalls keine Bewegung, welche auf der absoluten Fläche nur den Punkt A unverändert läßt.
(Von der Identität abgesehen kann es natürlich nicht noch einen dritten sich selbst entsprechenden Punkt außer der Punkten A, P auf der absoluten Fläche und damit noch eine weitere sich selbst entsprechende Gerade in der Ebene x = 1 geben).
Hiermit ist dann der zu Anfang des Abschnittes VII gewünschte Nachweis für den allgemeinen Fall erfüllt.

IX. Wir haben noch die besonderen Fälle zu behandeln, daß der Winkel $\alpha = 0$ oder $\alpha = \pi$ ist, da die allgemeine Konstruktion dann versagt.
Wir behandeln zunächst den Fall $\alpha = 0$, $(-\infty < \beta < +\infty$ und $\beta \neq 0)$. Für die erste Teilbewegung, die Grenzdrehung um die d-Achse mit dem Parameter δ, ist die allerdings abzuändernde Fig. 32 das Vorbild, wie wir sogleich näher sehen werden. Hinsichtlich der zweiten Teilbewegung, die jetzt die polare Drehung längs der x-Achse ist, ist ja die zu einer beliebigen Geraden l_I gehörende Gerade l^* zu ersterer euklidisch parallel und geht aus der Geraden l_I durch eine Ähnlichkeitstransformation mit bestimmtem Verhältnis $\varepsilon = \frac{AH}{AG} = e^{-\beta}$ hervor, wo G, H die Fußpunkte der Lote vom

Punkte auf die Geraden ℓ_I, ℓ^* sind. An die Stelle der Fig.34a tritt demgemäß die Fig.36a. Wenn jetzt also die durch die <u>erste Teilbewegung</u> aus ℓ hervorgehende Gerade ℓ_I durch die <u>zweite Teilbewegung</u> wieder in die Gerade $\ell^* = \ell$ zurückgehen soll, so müs= sen ersichtlich die Geraden ℓ, ℓ_I notwendig zur d-Achse euklidisch parallel sein. Wir führen nun folgende Konstruktion aus: In der Fig. 36b der Ebene x = 1 mit den Achsen d, d_1 sei wie bisher $AQ = \delta$ und $A\bar{Q}_I = -\delta$ gewählt; der Punkt $\bar{Q}_I$ ist ja durch die erste Teilbe= wegung aus dem euklidisch unendlichfernen Punkt $\bar{Q}^{\infty}$ der d_1 - Ach= se hervorgegangen. Wir wählen nun auf der d - Achse den Punkt V beliebig und hierzu auf der euklidischen Parallelen im Punkte $\bar{Q}_I$ zur d- Achse den Punkt $\bar{U}_I$ so, daß für die Strecke $u = \bar{Q}_1\bar{U}_I$ und $v = A\,V$ das Verhältnis gilt $\frac{u}{v} = \frac{AG}{HG}$

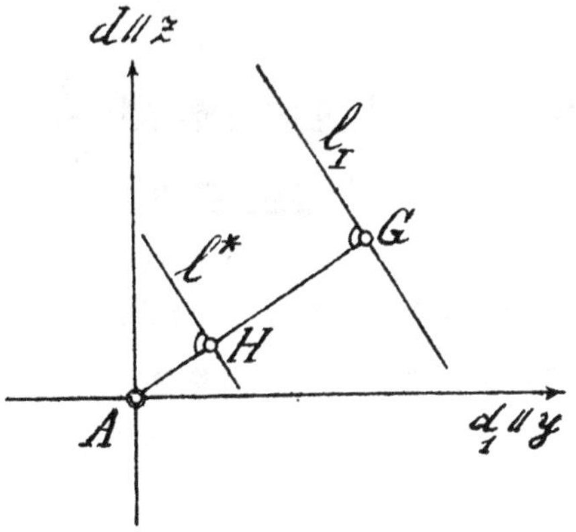

Fig.36a
(α=0)

oder $\frac{u - v}{u} = \frac{A\,H}{A\,G}$ (Fig.36a). Der Punkt $\bar{U}_I$ ist jetzt durch <u>die erste Teilbewegung</u>, die Grenzdrehung um die d- Achse mit dem Paramter $\delta = AQ$, aus dem euklidisch unendlichfernen Punkte $\bar{U}^{\infty}$ der Geraden $k_o = \bar{U}_I A$ her= vorgegangen. Wir ziehen jetzt weiter durch den Punkt V die euklidische Parallele $k = V\,\bar{U}^{\infty}$ zur Geraden k_o .Die Gerade k mit dem Schnittpunkt W auf der d_1- Achse geht dann durch die ers= te Teilbewegung in die Gerade $k_I = V\bar{U}_I$ über mit dem Schnittpunkt W_I auf der d_1- Achse und die Parallele ℓ durch den Punkt W zur d- Achse in die eukli= dische Parallele ℓ_I zur d- Achse durch den Punkt W_I.

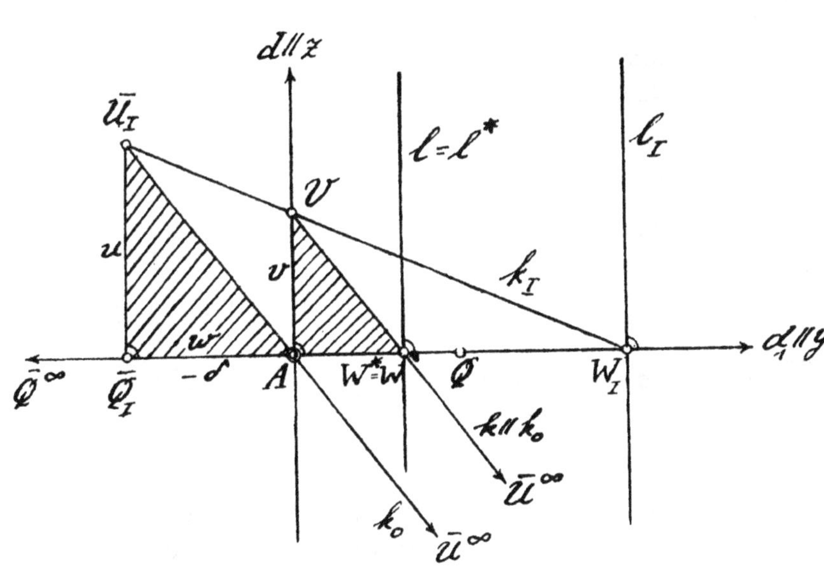

Fig.36b

Es ist nun in der Figur 36b

(16) $\frac{A\,W}{v} = \frac{w}{u}$, wo w die Strecke A $\bar{Q}_I$ ist, und

(17) $\frac{A\,W_I}{v} = \frac{A\,W_I + w}{u}$

Setzen wir den Wert von w aus der Gleichung (16) in die Gleichung (17) ein, so erhalten wir

$$A\,W_I = \frac{v \cdot A\,W_I + u \cdot A\,W}{u}$$ oder

(18) $$\frac{A\,W}{A\,W_I} = \frac{u - v}{u} = \frac{A\,H}{A\,G}$$

Aus dieser Gleichung aber folgt:

40. Durch die zweite Teilbewegung geht in der Tat die Gerade ℓ_I' in die Gerade $\ell^* = \ell$ zurück, (Es geht die Gerade ℓ auch punktweise in sich zurück).

Wieder ist dann der (vom Punkte A stets verschiedene) Berührungspunkt P der Tangentialebene durch die Gerade $\ell = \ell$ an die absolute Fläche auch ein sich selbst entsprechender Punkt bei der gesammten Bewegung.

41. Letztere ist daher eine Schraubung um die Achse A P, sogar eine polare Drehung längs der Achse A P, jedenfalls wieder keine Bewegung, welche allein den Punkt A auf der absoluten Fläche unverändert läßt. -

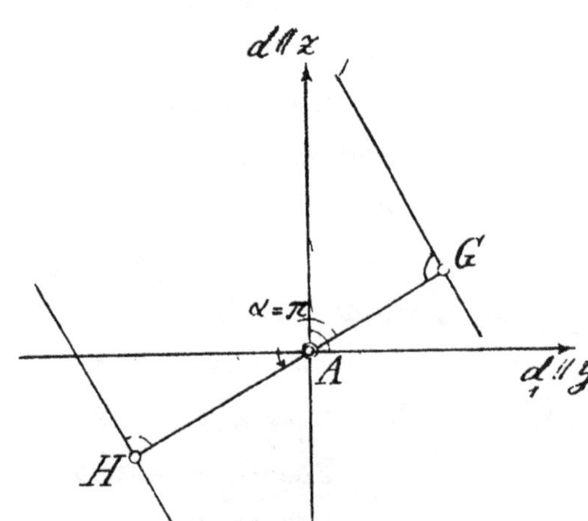

Fig 37a.

Wir betrachten jetzt weiter den Fall $\alpha = \pi$, $(\beta \neq \pm\infty)$, Fig. 37a.

Wir führen folgende Konstruktionen aus: In der Fig. 37b sei $\bar{Q}_I \bar{U}_I = u$ und A V = v so gewählt, daß $\frac{u}{v} = \frac{A\,G}{H\,G}$ oder $\frac{v - u}{u} = \frac{A\,H}{A\,G}$ ist, also etwa u = A G und v = H G selbst.

Durch die erste Teilbewegung, die Grenzdrehung um die d- Achse mit dem Paramter δ = A Q, ist dann der euklidisch unendlichferne Punkt $\bar{U}^\infty$ der Geraden k_0 = A $\bar{U}_I$ in den Punkt $\bar{U}_I$ gelangt.

Wir ziehen jetzt wieder weiter durch den Punkt V die euklidische Parallele $V\bar{U}^{\infty} = k$ zur Geraden k_0. Durch die erste Teilbewegung geht jetzt die Gerade k mit dem Schnittpunkt W auf der d_1- Achse in die Gerade $k_I = V\bar{U}_I$ über mit dem Schnittpunkt W_I auf der d_1-Achse und die euklidische Parallele ℓ durch den Punkt W zur d-Achse in die euklidische Parallele ℓ_I durch den Punkt W_I zur d-Achse.

Es ist nun in der Fig. 37b

(19) $\frac{AW}{v} = \frac{w}{u}$, wo $w = A\bar{Q}_I$ ist, und

(20) $\frac{AW_I}{v} = \frac{AW_I - w}{u}$.

Setzen wir den Wert von w aus der Gleichung (19) in die Gleichung (20) ein, so erhalten wir

$$AW_I = \frac{v.\,AW_I - u.\,AW}{u} \quad \text{oder}$$

(21) $\frac{AW}{AW_I} = \frac{v - u}{u} = \frac{AH}{AG}$.

Aus dieser Gleichung aber folgt wieder der Satz 40, und , wenn jetzt wieder der Punkt P der Berührungspunkt der Tangentialebene durch die Gerade $\ell^* = \ell$ an die absolute Fläche ist, so gilt auch wieder der Satz 41. Hiermit ist jetzt auch ganz allgemein die am Anfang des

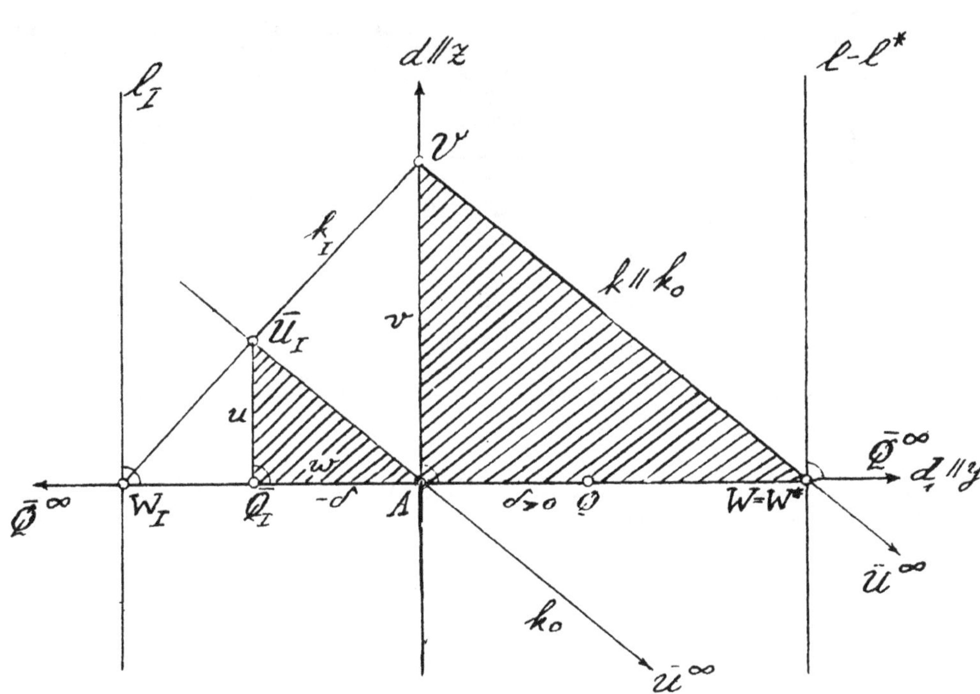

Fig. 37b.

Abschnittes VII aufgestellte Behauptung bewiesen:

42. Jede gleichsinnige Bewegung, welche den Punkt A, aber keinen anderen (reellen) Punkt der absoluten Fläche unverändert läßt, ist stets eine der von uns betrachteten Grenzdrehungen.

Es gilt jetzt auch der Satz :

43. Wenn bei einer gleichsinnigen Bewegung eine Tangente d oder $\bar{d}$ an die absolute Fläche durch den Punkt A punktweise unverän= bleibt,(vgl. die Figuren 30a,b), so ist die Bewegung stets eine Grenzdrehung um die d- oder $\bar{d}$ Achse.

Denn eine Schraubung um eine beliebige Achse g durch den Berührungs= punkt A der Tangente ist dann ausgeschlossen, da bei einer solchen niemals alle Punkte der Tangente sich selbst entsprechen.

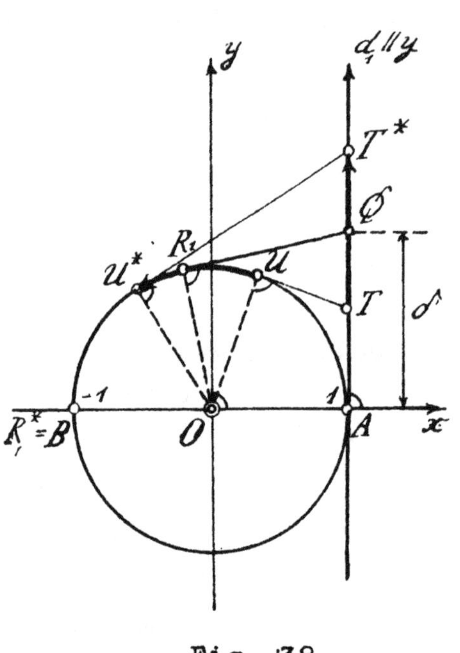

Fig. 38.

X. Wir wollen jetzt als Ergänzung der Aufgaben 1 und 2 im Abschnitt III noch drei weitere Aufgaben lösen. Die Grenzbewegung ist hierbei stets durch die Strecke δ = A Q auf d r Geraden x = 1, z = 0 oder durch den Punkt R_1 des absoluten Einheitskrei= ses in der (x,y)- Ebene gegeben,(vgl. die Fig. 22).

Aufgabe 1. Zu einem beliebigen Punkte U des absoluten Einheitskreises der (x,y)- Ebene den entsprechenden Punkt U^* zu konstruieren,(Fig. 38)

Die Tangente durch den Punkt U an den Einheitskreis liefert den Punkt T auf der d_1 - Achse und hierzu den Punkt T^* gemäß der Aufgabe 2 des Abschnittes III mit der hier gel= tenden Fig. 25. Die Tangente von Punkt T^* an den Einheitskreis lie= fert den gesuchten Punkt U^*.

Aufgabe 2. Zu einem beliebigen Punkte V der (x,y) - Ebene den ent= sprechenden Punkt V^* zu konstruieren.

Erste Lösung: (Fig. 39 und 39 *). Die Gerade A V mit dem Schnitt= punkt U auf dem Einheitskreise geht nach der Konstruktion der Fig. 38 in die Gerade A U^* über. Die Gerade B V schneidet die d_1- Achse im Punkte T_1. Dieser Punkt T_1 geht in den Punkt T_1^* über; in der

Fig.39* ist ganz der Fig. 25 entsprechend der Punkt T_1^* konstruiert.
Der Punkt $B = R$ geht in den Punkt R^* über,(vgl. Fig.22). Der Schnittpunkt der Geraden $A\,U^*$ und $R^*\,T_1^*$ ist der gesuchte Punkt V^*. Punktiert ist noch zur weiteren Übersicht der Grenzkreis durch die Punkte V, V^* hinzugezeichnet mit der Tangente $V\,T$ des Punktes V und der Tangente $V^*\,T^*$ des Punktes V^*, (vgl. den Satz 28a und die Fig. 29).

Zweite Lösung: (Fig.40). Zunächst bestimmen wir den aus dem Punkt U hervorgehenden Punkt U^*, wie soeben. Sodann werden die längs $A\,U$ und $A\,U^*$ zur (x,y)- Ebene senkrechten Ebenen in die (x,y)-Ebene umgelegt, insbesondere die Schnittkreise mit der absoluten Fläche in die Kreise k, k^*, damit auch der Schnittpunkt der absoluten Fläche und der Senkrechten im Punkte V zur (x,y)- Ebene in den Punkt W und die d- Achse in die d_0-, bzw. d_0^*- Achse. Die Verbindungslinie $U\,W$ liefert auf der d_0- Achse den Punkt M, dem der Punkt M^* auf der d_0^*- Achse entspricht. Es liefert die Verbindungslinie $U^*\,M^*$ weiter den Schnittpunkt W^* auf dem Kreise k^* und das Lot vom Punkte W^* auf die Gerade $A\,U^*$ den gesuchten Punkt V^*.

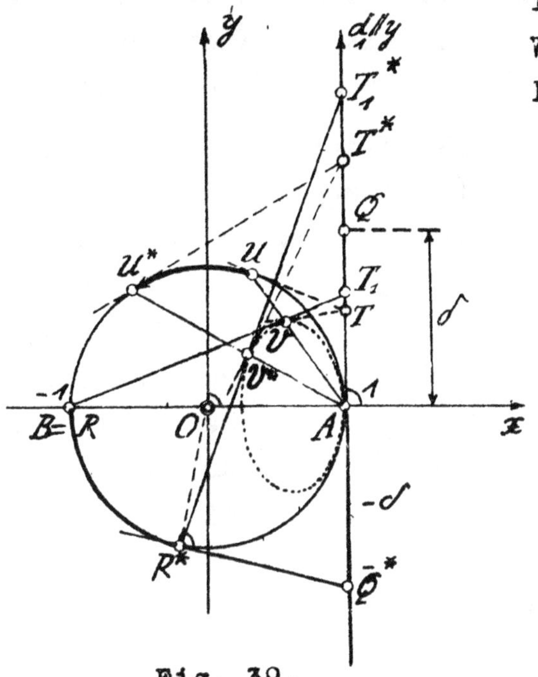

Fig. 39.

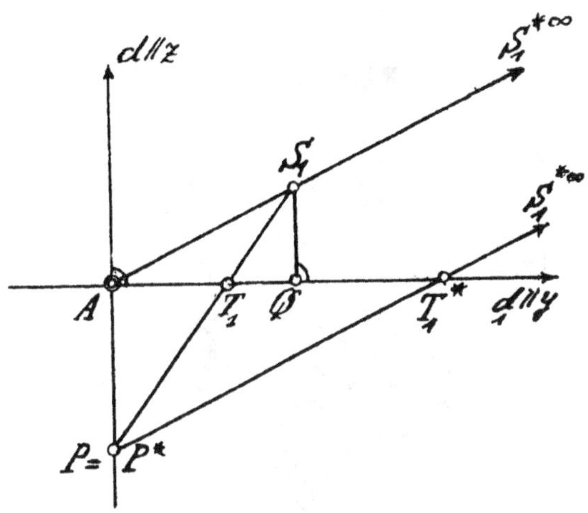

Fig. 39*

Dritte Lösung: (Fig. 41 und 41*): Der gegebene Punkt V liefert wieder den Punkt U auf dem absoluten Einheitskreise. Die Tangente des Punktes U ergibt den Schnittpunkt T auf der d_1- Achse. Wir wollen jetzt aber den zugehörigen Punkt T^* nach einer neuen eigen=

artigen Methode konstruieren: Nach den Gleichungen (1a-d) zu Anfang des § 5 ergibt sich für die Bewegung auf der d_1- Achse, d.h. für $x = w, z = 0$, die Gleichung

$$y^{*} = \frac{y}{1 - \frac{1}{\delta} \cdot y} . \tag{22}$$

Diese Transformation können wir als die Aufeinanderfolge der folgenden drei projektiven Transformationen darstellen

(23a-c)

$$y_I = \frac{\delta^2}{y} ,$$

$$y_{II} = y_I - \delta ,$$

$$y^{*} = \frac{\delta^2}{y_{II}} .$$

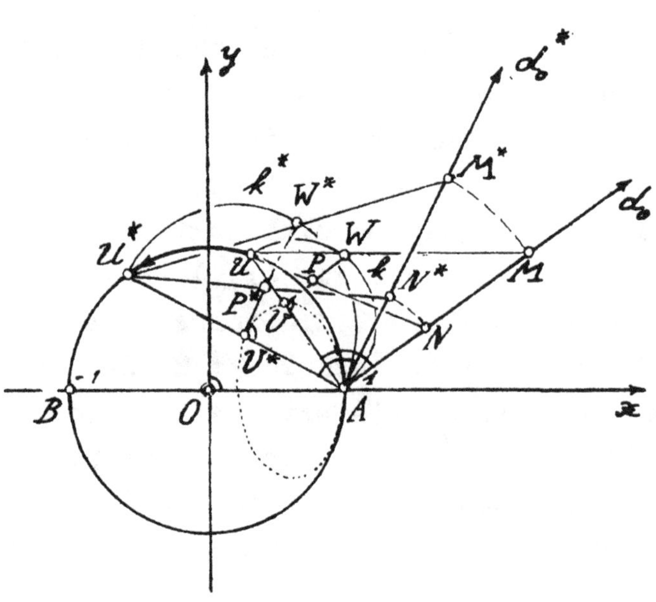

Fig. 40.

Hiernach sind in der Hilfsfigur 41* zu dem Punkte mit der Koordinate y nach einander die Punkte T_I, T_{II}, T^* mit der Koordinaten y_I, y_{II}, y^* konstruiert. (Nach der Transformation (23a) ergibt sich zu dem Punkte T der Punkt T_1 als Schnittpunkt der Polaren des Punktes T für den Hilfskreis um den Punkt A mit dem Radius δ. Die Transformation (23b) ist eine Translation. Für die Transformation (23c) gilt das Gleiche wie für die Transformation (23a).

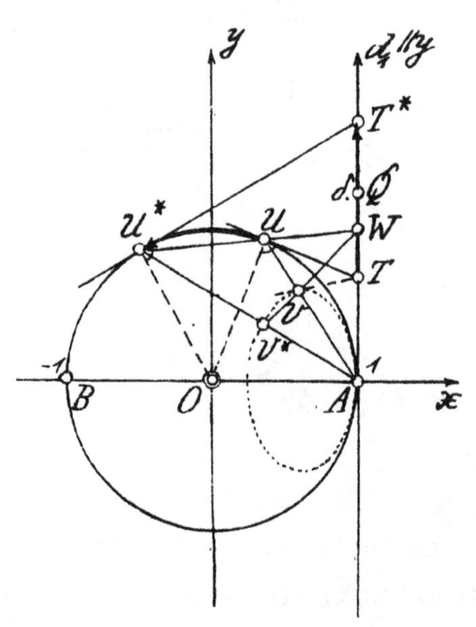

Fig. 41.

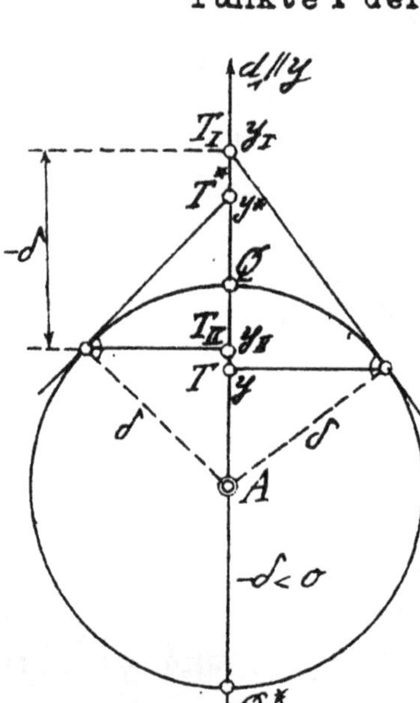

Fig. 41*

Der Punkt T^* mit der Koordinate y^* ist dann in die Fig. 41 übertragen. Hier ergibt der Punkt T^* sofort den Punkt U^* und damit ist der Punkt V^* bestimmt als der Schnittpunkt der Geraden A U^* und der Geraden V^*, V, die sich mit der Geraden U^* U im Punkte W auf der d_1- Achse schneidet, nach dem Satze 28b.

Aufgabe 3, (Fig.40): Zu einem beliebigen Punkte P auf einer Senkrechten zur (x,y) - Ebene mit dem Fußpunkt V den entsprechenden Punkt P^* auf der entsprechenden Senkrechten zur (x,y)- Ebene mit dem Fußpunkt V^* zu konstruieren.

Wir begnügen uns damit, allein die soeben behandelte zweite Lösung weiter auszuführen. Hier ist in der Fig.40 jetzt auch der Punkt P umgelegt und damit der umgelegte Punkt P^* mit Hilfe der Punkte N und N^*, wo A N = A N^* ist, bestimmt. -

Wir wollen noch analog den Aufgaben im letzten Abschnitt des § 4 auch hier einige sich leicht darbietende Aufgaben der nichteuklidischen Kinematik erwähnen:

Aufgabe 4. Welches ist der geometrische Ort der Schnittpunkte aller Lagen einer Geraden g, (z.B. der Verbindungslinie des Punktes B mit einem Punkte der d- Achse) mit der Ebene x = 0 bei der Grenzdrehung um die d- Achse ?

Aufgabe 5. Welches ist der geometrische Ort aller Lagen einer Geraden g(und ihrer absoluten Polaren g_1) oder einer Ebene ε (in Beziehung zu dem geometrischen Ort ihres absoluten Poles) bei der Grenzdrehung um die d- Achse ?

Aufgabe 6. Welches ist der geometrische Ort aller Lagen eines nichteuklidischen Kreises, insbesondere eines innerhalb der absoluten Fläche gelegenen Kreises der (x,z)- Ebene mit dem Mittelpunkt im Koordinantenanfangspunkt, bei der Grenzdrehung um die d- Achse ?

Aufgabe 7. Welches ist die einhüllende Fläche aller Lagen einer mitsamt ihrem Mittelpunkt innerhalb der absoluten Fläche gelegenen nichteuklidischen Kugel, insbesondere einer solchen Kugel mit dem Mittelpunkt im Koordinatenanfangspunkt, bei der Grenzdrehung um die d- Achse ?

XI. Analog wie bei der polaren Drehung oder der Schraubung längs der x- Achse (vgl. die Sätze 14 und 15 im Abschnitt V des § 3 und die Sätze 5 und 6 im Abschnitt III des § 4) gilt hier der Satz:

44. <u>Die Grenzdrehung mit dem Paramter δ um die d- Achse mit den Gleichungen x = 1, y = 0 ist die Aufeinanderfolge zweier nicht=euklidischer Spiegelungen (involutorischen Zentralkollineationen) an zwei bestimmten zur (x,y)- Ebene senkrechten Ebenen $\mathfrak{E}_1$, $\mathfrak{E}_2$ durch die Gerade d, deren eine Ebene beliebig zu wählen ist, jedoch nicht als die Ebene x = 1.</u>

Wir beweisen diesen Satz zunächst für den besonderen Fall, daß die <u>zweite</u> Ebene $\mathfrak{E}_2$ die (x,z)- Ebene, also die absolute Polarebene des Punktes $Q^{*\infty}$, ist. Was aber dann die <u>erste</u> Ebene betrifft, so bestimmen wir in der Fig. 42 als Fortbildung der Fig. 22 den Schnittpunkt C der Geraden $R_1\ R^*_1$ mit der d_1- Achse und den Berührungspunkt D der vom Punkte C an den absoluten Einheitskreis gelegten Tangente. Die erste Ebene $\mathfrak{E}_1$ ist dann die durch die Gerade A D gehende und senkrecht zur (x,y)- Ebene stehende Ebene, die absolute Polarebene des Punktes C. <u>Geometrisch</u> folgt jetzt leicht der Beweis des Satzes 44 schon daraus: Durch jede der beiden Spiegelungen geht die absolute Fläche in sich über; diese Spiegelungen sind ungleichsinnige Bewegungen. Die d- Achse geht ferner punktweise in sich über und durch die Aufeinanderfolge der beiden Spiegelungen geht der Punkt R_1 in den Punkt R^*_1 = B über. Die gesammte Bewegung kann also keine Schraubung um eine Achse durch den Punkt A sein, sondern nur die Grenzdrehung um die d-Achse und zwar mit dem Parameter δ = A Q. <u>Analytisch</u> aber beweisen wir den Satz 44 wie folgt:

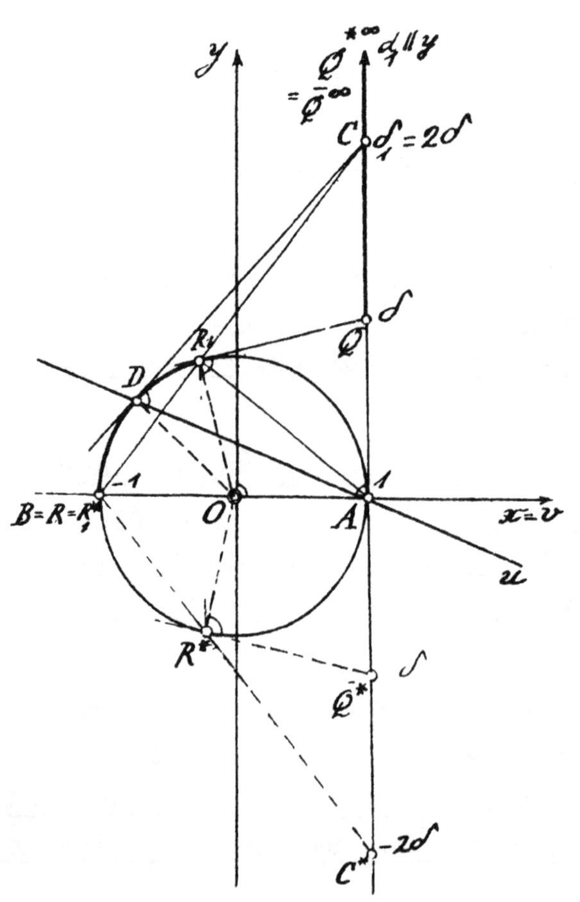

Fig. 42.

Um zunächst die Gleichungen für die nichteuklidische Spiegelung an einer beliebigen Ebene durch die d- Achse zu gewinnen, betrachten wir die Aufeinanderfolge einer Grenzdrehung um die d- Achse, welche die Ebene in die (x,z)- Ebene überführt, der Spiegelung an der Ebene y=o und der umgekehrten Grenzdrehung. Die zugehörigen Gleichungen sind (vgl. die Gleichungen (1a-d))

$$\varrho_I \cdot x_I = \left(1-\frac{1}{2\delta_1^2}\right).x - \frac{1}{\delta_1}.y + \frac{1}{2\delta_1^2}\cdot w,$$

$$\varrho_I \cdot y_I = \frac{1}{\delta_1}\cdot x + y - \frac{1}{\delta_1}\cdot w,$$

$$\varrho_I \cdot z_I = z,$$

$$\varrho_I \cdot w_I = -\frac{1}{2\delta_1^2}\cdot x - \frac{1}{\delta_1}\cdot y + \left(1+\frac{1}{2\delta_1^2}\right)\cdot w,$$

ferner

$$\varrho_{II} \cdot x_{II} = x_I,$$

$$\varrho_{II} \cdot y_{II} = -y_I,$$

$$\varrho_{II} \cdot z_{II} = z_I,$$

$$\varrho_{II} \cdot w_{II} = w_I$$

und

$$\varrho_{III} \cdot x_{III} = \left(1-\frac{1}{2\delta_1^2}\right)\cdot x_{II} + \frac{1}{\delta_1}\cdot y_{II} + \frac{1}{2\delta_1^2}\cdot w_{II},$$

$$\varrho_{III} . y_{III} = -\frac{1}{\delta_1} + y_{II} + \frac{1}{\delta_1} w_{II},$$

$$\varrho_{III} \cdot z_{III} = z_{II},$$

$$\varrho_{III} \cdot w_{III} = -\frac{1}{2\delta_1^2}\cdot x_{II} + \frac{1}{\delta_1}\cdot y_{II} + \left(1+\frac{1}{2\delta_1^2}\right)\cdot w_{II},$$

(vgl. die Gleichungen (1a-d) und (4a-d) des § 2).

Die Aufeinanderfolge dieser drei Teilbewegungen, also die nicht= euklidische Spiegelung an der Ebene durch die d- Achse, ist dann

(24a-d) $$\varrho_{III} \cdot x_{III} = \left(1-\frac{2}{\delta_1^2}\right).x - \frac{2}{\delta_1}.y + \frac{2}{\delta_1^2}\cdot w,$$

$$\varrho_{III} \cdot y_{III} = -\frac{2}{\delta_1}.x - y + \frac{2}{\delta_1}\cdot w,$$

$$\varrho_{III} \cdot z_{III} = z,$$

$$\varrho_{III} \cdot w_{III} = -\frac{2}{\delta_1^2}x - \frac{2}{\delta_1}y + \left(1 + \frac{2}{\delta_1^2}\right) w,$$ mit der

Determinante $\Delta_{III} = -1$.

Nun soll durch diese erste Spiegelung der Punkt Q oder $(1, \delta, 0, 1)$ auf der d_1- Achse in den euklidisch unendlichfernen Punkt $Q^{*\infty}$ oder $(0, 1, 0, 0)$ übergehen. Dies ist der Fall, wenn $\delta_1 = 2\delta = AC$ (Fig. 42.) ist.

(Durch die erste Grenzdrehung geht auch der Punkt C oder $(1, 2\delta, 0, 1)$ in den euklidisch unendlichfernen Punkt $Q^{*\infty}$ der d_1- Achse über. Dieser Punkt $Q^{*\infty}$ bleibt bei der Spiegelung an der (x,z) - Ebene unverändert und geht durch die zweite Grenzdrehung in dem Punkt C zurück. Der Punkt C ist eben das Zentrum der involutorischen Zentralkollineation oder der ersten Spieglung mit den Gleichungen (24a - d). Durch diese erste Spiegelung geht auch die Gerade $A\,k_1$ in die Gerade $A\,R_1^*$ über, also der Punkt R_1 in den Punkt R_1^*, da eben der Punkt Q in den Punkt $Q^{*\infty}$ übergeht).

Nun tritt noch die zweite Spiegelung an der (x,z) - Ebene hinzu mit den Gleichungen

(25a-d)
$$\varrho^* \cdot x^* = x_{III},$$
$$\varrho^* \cdot y^* = -y_{III},$$
$$\varrho^* \cdot z^* = z_{III},$$
$$\varrho^* \cdot w^* = w_{III}.$$

Die Aufeinanderfolge der beiden Spiegelungen mit den Gleichungen (24a-d) und (25a-d) ergibt dann endlich für $\delta_1 = 2\delta$ die Gleichungen

$$\varrho^* \cdot x^* = \left(1 - \frac{1}{2\delta^2}\right)x - \frac{1}{\delta}y + \frac{1}{2\delta^2}w,$$

$$\varrho^* \cdot y^* = \frac{1}{\delta}x + y - \frac{1}{\delta}w,$$

$$\varrho^* \cdot z^* = z,$$

$$\varrho^* \cdot w^* = -\frac{1}{2\delta^2}x - \frac{1}{\delta}y + \left(1 + \frac{1}{2\delta^2}\right)w,$$

d. h. die Gleichungen (1a-d).

45. Die Aufeinanderfolge der beiden Spiegelungen mit den Gleichungen (24a-d) und (25a-d) ergibt also in der Tat die gegebene Grenzdrehung. -

Sind jetzt R_1, R_1^* zwei beliebige Punkte auf dem Einheitskreise in der (x,y)- Ebene, die durch die gegebene Grenzdrehung um die d- Achse mit den letzten Gleichungen in einander übergehen, so gilt die analoge Fig. 43 mit den analogen Betrachtungen dazu, wie wir nicht weiter im Einzelnen ausführen wollen. Gestrichelt ist in der Umlegung der Ebene x=1 in die Zeichenebene nach der Konstruktion der Fig. 41^*, die auf der d_1- Achse zu dem beliebigen Punkte T den entsprechenden Punkt T^* liefert, jetzt der Punkt $\bar{Q}^*$, der aus dem Punkte $\bar{Q}$ durch die gegebene Grenzdrehung hervorgeht, bestimmt, und damit auch der Punkt R_1^*, der aus dem gewahlten Punkte R_1 hervorgeht, (vgl. auch die einfache Konstruktion des Punktes T^* zu dem Punkte T in der Fig. 25).

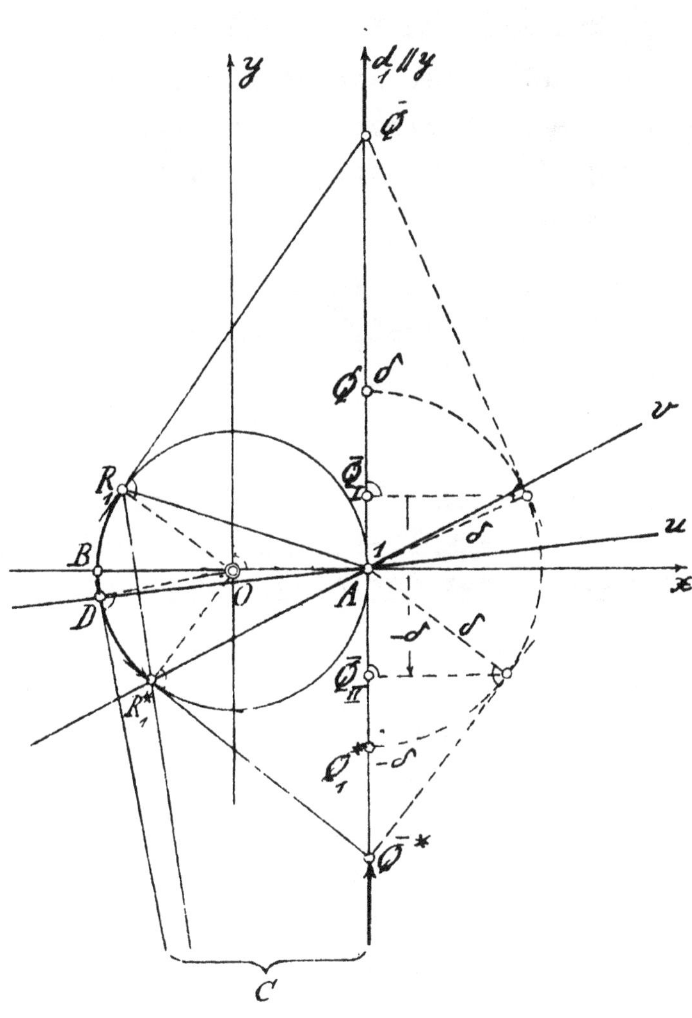

Fig. 43

Besonders geometrisch ist ja wieder leicht zu erkennen, daß die Aufeinanderfolge der Spiegelungen an den Ebenen $\varepsilon_1, \varepsilon_2$ oder (u, d) und (v, d) die gegebene Grenzdrehung ist, Die Fig. 43 geht ja auch durch eine Grenzdrehung um die d- Achse aus der Fig. 42 hervor. -

Wir wollen noch den Satz anschließen:

46. Unsere Grenzdrehung um die d- Achse mit den Gleichungen (1a-d) ist auch identisch mit der Aufeinanderfolge der beiden Umwendungen um die Schnittlinien u, v der Ebenen $\varepsilon_1, \varepsilon_2$ mit der (x,y)- Ebene und zwar sowohl im Falle der Fig. 42 wie der Fig. 43.

Denn die erste, bzw. zweite Umwendung ist identisch mit der Aufeinanderfolge der beiden nichteuklidischen Spiegelungen an der Ebene $\mathfrak{E}_1(d, u)$ und an der (x, y)- Ebene, bzw. der beiden Spiegelungen an der (x,y)- Ebene und der Ebene $\mathfrak{E}_2(d,v)$.
Ferner gilt auch der allgemeine Satz:

47. Unsere Grenzdrehung ist auch identisch mit der Aufeinanderfolge der beiden Umwendungen um die Schnittlinien u_1, v_1 der Ebenen $\mathfrak{E}_1$, $\mathfrak{E}_2$ mit einer beliebigen (doch von der Ebene $x=1$ verschiedenen) Ebene $\mathfrak{E}$ durch die d_1- Achse, wobei die eine der Umwendungsachsen u_1, v_1 beliebig durch den Punkt A gewählt werden kann, wodurch sogleich die eine der Ebenen $\mathfrak{E}_1, \mathfrak{E}_2$ und die Ebene $\mathfrak{E}$ festgelegt sind.

Der Beweis dieses Satzes ist ganz analog dem soeben für den Satz 46 angegebenen. Diese Ebene $\mathfrak{E}$ geht ja auch durch die absoluten Pole C und $\bar{Q}^*$ der Ebenen $\mathfrak{E}_1, \mathfrak{E}_2$ (Fig. 43) und steht also nichteuklidisch auf den Ebenen $\mathfrak{E}_1, \mathfrak{E}_2$ senkrecht.

48. Umgekehrt ist die Aufeinanderfolge der Umwendungen um zwei Achsen u_1, v_1 durch den Punkt A in einer Ebene $\mathfrak{E}$ durch die d_1 - Achse stets eine Grenzdrehung um die d- Achse.

XII. Wir fügen noch in Kürze hinzu

49. Alle unsere Betrachtungen hinsichtlich der Grenzdrehungen mit dem Mittelpunkt A übertragen sich sofort auf die Grenzdrehungen mit einem beliebigen anderen Mittelpunkt M auf der absoluten Fläche.

Diese Übertragung können wir ja einfach durch die Drehung durch den Winkel $A\hat{O}M$ um die Achse ausführen, welche auf der Ebene A O M im Koordinatenanfangspunkt O nichteuklidisch und euklidisch senkrecht steht. Wenn wir wollen, können wir auch ein neues euklidisches rechtwinkliges $(\bar{x}, \bar{y}, \bar{z})$- Koordinatensystem mit dem Koordinatenanfangspunkt O einführen, wo die $\bar{x}$ - Achse die Achse $\overrightarrow{OM}$ ist und die $\bar{y}$- Achse zur $\bar{d}_1$- Achse euklidisch parallel ist. Die Gleichungen (1a-d) übertragen sich dann ohne Weiteres auf die neue Grenzdrehung mit dem neuen Koordinatensystem.

Es handelt sich hier dann ja auch um die Bewegungen, welche außer dem Punkte M keinen andern Punkt der absoluten Fläche unverändert lassen. Insbesondere gelten also z.B. die Sätze:

50. Eine gleichsinnige Bewegung, bei der außer dem Punkte M der absoluten Fläche kein anderer Punkt dieser Fläche festbleibt, ist stets eine Grenzdrehung mit dem Mittelpunkt M, (vgl. den Satz 42).

51. Bei jeder Grenzdrehung mit dem Mittelpunkt M auf der absoluten Fläche bleibt stets eine Achse d in der Tangentialebene des Punktes M punktweise unverändert, während alle übrigen Geraden des Büschels mit dem Träger M in der Tangentialebene sich im Ganzen selbst entsprechen.

52. Die Aufeinanderfolge der Umwendungen um zwei Achsen u_1, v_1 durch einen Punkt M der absoluten Fläche ist stets eine bestimmte Grenzdrehung mit der Schnittlinie der Ebene (u_1 v_1) und der Tangentialebene des Punktes M als zugehörige Achse $\bar{d}_1$ und der euklidischen Senkrechten zur Achse $\bar{d}_1$ in der Tangentialebene als punktweise unveränderte Drehungsachse $\bar{d}$ der Grenzdrehung.

Es entsprechen natürlich auch den zu einer Grenzdrehung mit dem Mittelpunkt A zugehörigen Grenzkugeln mit ihrer eigenartigen Bedeutung die Grenzkugeln mit dem Mittelpunkt M.

§. 6.

Neue geometrische Betrachtung der allgemeinen gleichsinnigen Bewegungen und deren Darstellung durch sechs unabhängige Parameter

I. Vorerst wollen wir einige allgemein interessante Sätze der Bewegungstheorie im hyperbolischen Raum kennen lernen. Wir stellen zuerst den Satz auf:

1. Eine gleichsinnige (und ebenso eine ungleichsinnige) Bewegung ist eindeutig dadurch festgelget, daß drei reelle Punkte Q,R,S der absoluten Fläche in drei andere reelle Punkte Q^*, R^*, S^* der absoluten Fläche übergehen sollen.

Der Beweis dieses Satzes ist ganz dem des speziellen Satzes 35 im Abschnitt VII des §5 analog. Ersichtlich umfaßt dieser Satz wieder ∞^6 Bewegungen. Insbesondere können wir als die Punkte Q,R,S die Punkte E_1, E_2, E_3, die projektiven Einheitspunkte der (x,y,z)-Achsen oder die Schnittpunkte dieser Achsen mit der absoluten Fläche, wählen. Es gilt jetzt auch der weitere Satz:

2. Für die Punkte E_1, E_2, E_3 gibt es stets und nur den einen Punkt O, sodass die Achsen OE_1, OE_2, OE_3 paarweise aufeinander nichteuklidisch senkrecht stehen. (Der analoge Satz gilt dann auch für jedes beliebige Punktetripel Q,R,S der absoluten Fläche).

Angenommen, es gäbe für die Punkte E_1, E_2, E_3 außer dem Punkte O noch einen andern Punkt $\overline{O}$, so daß auch die Geraden $\overline{O}E_1$, $\overline{O}E_2$, $\overline{O}E_3$ paarweise aufeinander nichteuklidisch senkrecht ständen. Es seien jetzt E_{-1}, E_{-2} die zweiten Schnittpunkte der Geraden OE_1, OE_2 in der Ebene der Fig. 44a und es wären auch die Punkte $\overline{E}_{-1}$, $\overline{E}_{-2}$ als die zweiten Schnittpunkte der Geraden $\overline{O}E_1$, $\overline{O}E_2$ mit der absoluten Fläche in der Ebene der Fig. 44b bestimmt. Dann gäbe es nach dem Satze 1 stets und nur eine Bewegung, welche die Punkte E_1, E_2, E_{-1} in die drei Punkte E_1, E_2, $\overline{E}_{-1}$ überführen würde. Diese Bewegung müßte dann auch den Punkt O in den Punkt $\overline{O}$ überführen, wegen der rechten Winkel an den Punkten O, $\overline{O}$, also auch den Punkt E_{-2} in den Punkt $\overline{E}_{-2}$. Diese Bewegung würde den Punkt E_3 in einen Punkt $\overline{E}_3$ überführen. Der Punkt $\overline{E}_3$ könnte aber nicht mit dem Punkte E_3 identisch sein; denn die dann sich selbst entsprechenden Punkte E_1, E_2, E_3 würden ja die Identität bedingen, was wegen des Entsprechens E_{-1}, E_{-2} und $\overline{E}_{-1}$, $\overline{E}_{-2}$ ausgeschlossen ist. Dann aber müßte auf der Ebene $\overline{O}E_1E_2$ im Punkte $\overline{O}$ sowohl die Gerade $\overline{O}E_3$ wie die Gerade $\overline{O}\overline{E}_3$ senkrecht stehen, was unmöglich ist.

Aus dem Satz 1 folgt nun auch leicht:

3. *Wir können jede gleichsinnige, bzw. ungleichsinnige Bewegung kontinuierlich aus der Identität, bzw. der Spiegelung an der (y, z) - Ebene gewinnen, und zwar einfach durch kontinuierliche Änderung der Punkte E^*_1, E^*_2, E^*_3, die den festen Punkten E_1, E_2, E_3 entsprechen sollen.*

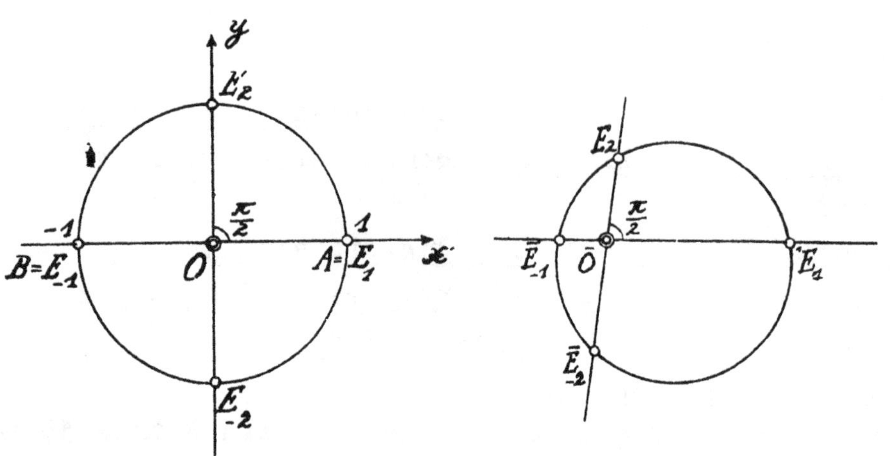

Fig. 44a. (Ebene OE_1E_2)

Fig. 44b. (Ebene $\overline{O}E_1E_2$)

Hiermit ist dann auch der Satz 6 des § 2 bewiesen, wie dort eben angedeutet war. Wir können also jetzt in den Gleichungen (2) und (5) des § 2 die Größe $\varepsilon = 1$ setzen und dann ist für jede gleichsinnige, bzw. ungleichsinnige Bewegung auch die Determinante $\Delta = +1$, bzw. -1, (vgl. die Sätze 8 und 9 des § 2).

Es sei jetzt auch noch der folgende Satz als Abänderung des Satzes 1 hinzugefügt:

4. Jede gleichsinnige Bewegung ist eindeutig festgelegt, wenn im Inneren der absoluten Fläche ein Dreieck (oder besser eine Dreiecksfläche) F G H ein ihm kongruentes Dreieck, d.h. ein Dreieck mit gleichen Seiten und Winkeln, $F^* G^* H^*$ zugeordnet ist.

Um dies zu erkennen, wollen wir die Dreiecke F G H und $F^* G^* H^*$ mit den Schnittkreisen ihrer Ebenen und der absoluten Fläche in den Figuren 45a,b dargestellt denken. Die gesuchte Bewegung ist dann identisch mit der Bewegung, welche Q,R,S in die Schnittpunkte Q^*, R^*, S^* in den Figuren überführt. Es muß dann ja auch der Punkt F in den Punkt F^* übergehen. Denn wenn der Punkt F in einen anderen Punkt $\bar{F}$ auf der Geraden $Q^* R^*$ überginge, so müßte der angegebene Winkel F in der Fig. 45a in den ihm gleichen Winkel $\bar{F}$ der Fig. 45b übergehen, der dann auch gleich dem Winkel F^* der Fig. 45b wäre. Das aber ist unmöglich, da ja die Winkelsumme in jedem Dreieck kleiner π ist, was in dem Dreieck $S^* \bar{F} F^*$ nicht der Fall wäre. Dann aber gehen auch die Punkte G,H in die Punkte G^*, H^* über und der absolute Pol für die Ebene der Fig. 45a in den absoluten Pol für die Ebene der Fig.45 b.

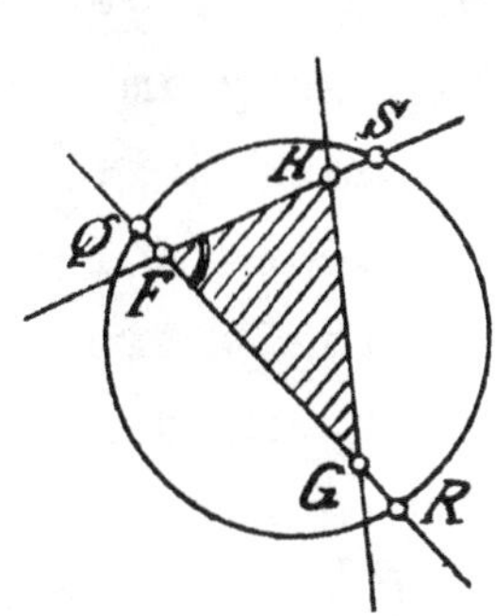

Fig.45a.

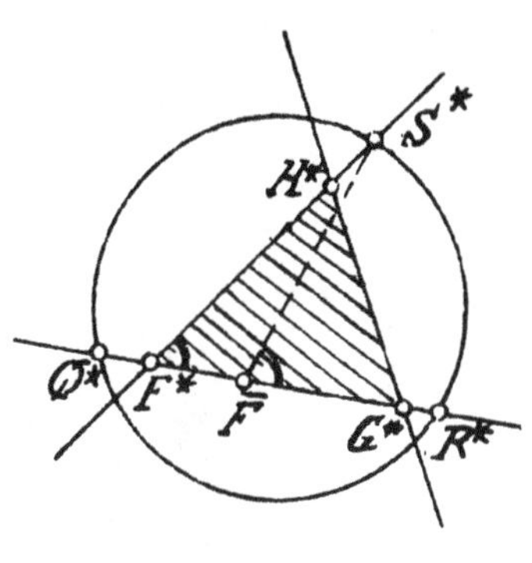

Fig. 45b.

II. Wir gehen nun dazu über, die im § 2 aufgestellten Gleichungen (1a-d) der allgemeinen Bewegung näher zu betrachten, besonders auch hinsichtlich der anschaulichen geometrischen Bedeutung der Koeffizienten a_i, b_i, c_i, d_i. Unsere Betrachtungen sind dann denen im § 8 des Ell. Werkes ganz analog, so daß wir uns hier kürzer fassen können. Es gelten zunächst wieder die Sätze:

5. Durch jede Bewegung geht das (x,y,z)- Koordinatentetraeder mit den positiven Richtungen der Achsen, das ja nichteuklidisch ein Polartetraeder ist, in ein anderes nichteuklidisches (x^*, y^*, z^*) - Koordinatentetraeder mit den positven Richtungen der Achsen über, das dann auch ein Polartetraeder ist.

6. Es gibt stets und nur eine Bewegung, welche das (x,y,z)- Koordinatentetraeder mit den positiven Richtungen der Achsen in ein anderes gegebenes nichteuklidisches (x^*, y^*, z^*)- Koordinatentetraedermit den positiven Richtungen der Achsenüberführt.

Hierbei gehen auch die projektiven Einheitspunkte E_1, E_2, E_3 des ersten Koordinatentetraeder in die projektiven Einheitspunkte E_1^*, E_2^*, E_3^* des zweiten Koordinatentetraeder über.

7. Es gelten auch hier die interessanten Sätze 2 und 2a, S. 42 und 43 des Ell.Werkes, (vgl. auch hier die zugehörigen Möbius schen Netzkonstruktionen mit der in der Anm. S. 42 des Ell.Werkes angegebenen Literatur).

Ein solches, allgemeines (x^*, y^*, z^*)- Koordinaten tetraeder mit den positiven Richtungen der Achsen ist wieder leicht geometrisch zu konstruieren oder auch analytisch zu bestimmen. Geometrisch verfahren wir folgendermaßen: Wir wählen beliebig im Innern der absoluten Fläche den Eckpunkt O^* mit den Koordinaten (x_o^* ,y_o^* z_o^*), ferner auch beliebig die x^*- Achse durch den neuen Anfangspunkt O^* mit ihrer positiven Richtung. Die Figuren 46a,b treten hier an die Stelle der Figuren 16a,b des Ell. Werkes. In der Fig. 46a in der Ebene $O\ O^* X^*$ sehen wir die Koordinatenanfangspunkte O, O^* und die x^*- Achse mit ihren Schnittpunkten E_1^* , E_{-1}^* mit der absoluten Fläche. Es ist in der Ebene dieser Figur die euklidische und nichteuklidische Senkrechte im Punkte O_1 die absolute Polare des Punktes O^*, der Punkt G der absolute Pol der x^*- Achse,also

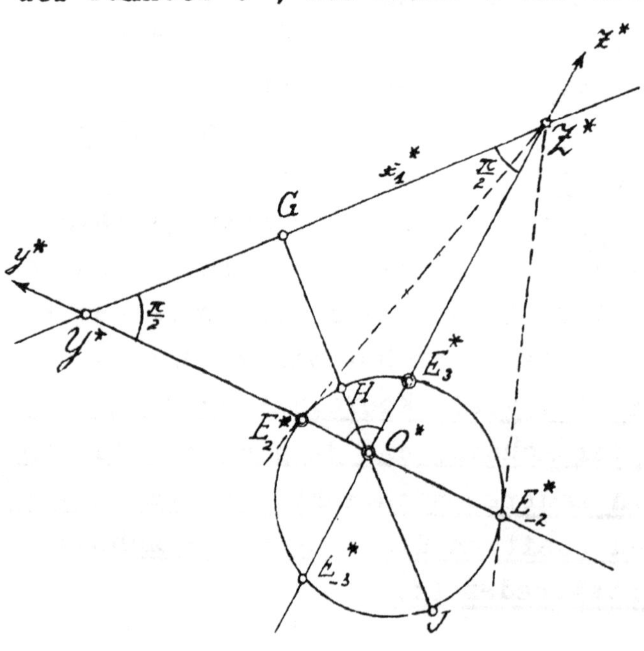

Fig. 46b.
(Ebene $O^* y^* Z^*$)

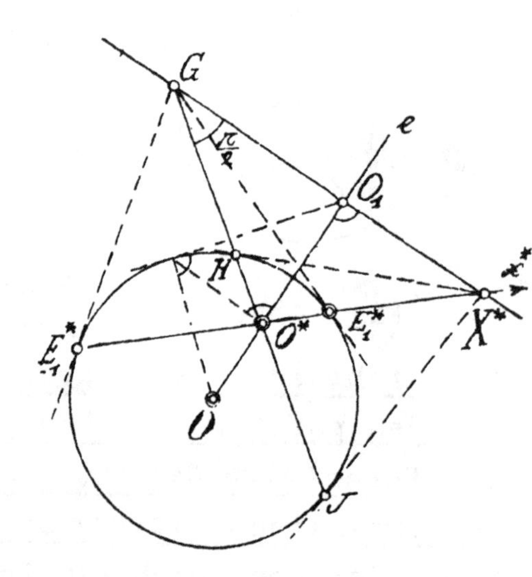

Fig 46a.
(Ebene $O\ O^* X^*$)

der Punkt X^* der andere Eckpunkt des Polartetraeders auf der x^*-Achse und der Punkt E_1^* der projektive Einheitspunkt, d.h. der Punkt mit der nichteuklidischen Länge $O^* E_1^* = +\infty$. Die eukli= dische und nichteuklidische Senkrechte im Punkte G zur Zeichen= ebene der Fig. 46a ist die absolute Polare x_1^* zur x- Achse. Auf ihr ist dann der Eckpunkt Y^* des neuen Polartetraeders noch willkür= lich zu wählen. Die Fig. 46b zeigt uns die absolute Polarebene zum Punkte X^*, d.h. die durch die Gerade O^*G zur Ebene der Fig. 46a eu= klidisch und nichteuklidisch senkrechte Ebene mit ihrem Schnitt mit der absoluten Fläche und auf der absoluten Polaren vom neuen Koordinatenanfangspunkt O^* in der Ebene der Figur die Eckpunkte Y^*, Z^* des neuen Polartetraeders und die Einheitspunkte E_2^*, E_3^*, wo der Punkt Z^* auf der absoluten Polaren des Punktes Y^* in der Ebene der Figur liegt. Wir können die Fig. 46b einfach als die Umklappung ihrer Ebene um die Gerade O^* G der Fig. 46a in die Ebene dieser Figur ansehen, wobei der Punkt Y^* unterhalb der Ebene der Fig. 46a liegt. Ergänzend ist noch in doppeltem Maßstab die kavalierperspektivische Fig. 46c für eine beliebige Lage der (x^*, y^*, z^*) - Koordinatentetraeders im Raume hinzugefügt, wobei wir uns auf die Achsen O^*X^* und O^*Y^* mit den Punkten E_1^*, E_2^* be= schränken. Hier können wir die Gerade $e = O O^*$ mit ihrer Projek= tion e'' in der (y,z)- Ebene noch beliebig im Raume wählen und auch die Ebene durch die Gerade e, in der der Punkt X^* liegen soll. Im Einzelnen wollen wir auf die einfachen Hilfskonstruktionen nicht eingehen, die zur Herstellung der Fig. 46 c notwendig sind. <u>Analytisch</u> ergibt sich leicht analog der Aufbau des (x^*, y^*, z^*)-Koordinatentetraeders, da hier die Polarebenen der Punkte O^*, X^*, Y^*, Z^* durch die Gleichungen gegeben sind

$$x \cdot x_i^* + y \cdot y_i^* + z \cdot z_i^* - w \cdot w_i^* = 0 \text{ für } i = 0,1,2,3,$$

wo x_i^*, y_i^*, z_i^*, w_i^* die Koordinaten der Eckpunkte O^*, X^*, Y^*, Z^* sind.

Es gilt hier auch der Satz 2, S,54 des Ell. Werkes.

III. Es lassen sich jetzt auch leicht die Koeffizienten a_i, b_i, c_i, d_i der Bewegungsgleichungen (1a-d) des § 2, welche das Koordina= tentetraeder $O X^\infty Y^\infty Z^\infty$ in das neue (x^*, y^*, z^*)- Koordinaten= tetraeder $O^* X^* Y^* Z^*$ überführen, ganz analog, wie im Abschnitt II, S.54-59 des Ell. Werkes bestimmen im Hinblick auf die Bedin= gungsgleichungen (2) und (3) für $\varepsilon = +1$ im § 2, worauf wir im Einzelnen nicht eingehen wollen. Es kommt hier der einfache Satz zur Anwendung:

8. Für die Koordinaten x, y, z, w eines beliebigen Punktes P des Raumes ist der Ausdruck $x^2 + y^2 + z^2 - w^2 \lesseqgtr 0$, je nachdem der Punkt P im Innern, auf oder außerhalb der absoluten Fläche liegt.

An die Stelle der Gleichungen (5a-d), S. 55 des Ell.Werkes treten z.B. die Gleichungen

$$a_4 = \frac{x_0^*}{+\sqrt{-x_0^{*\,2} - y_0^{*\,2} - z_0^{*\,2} + w_0^{*\,2}}}$$

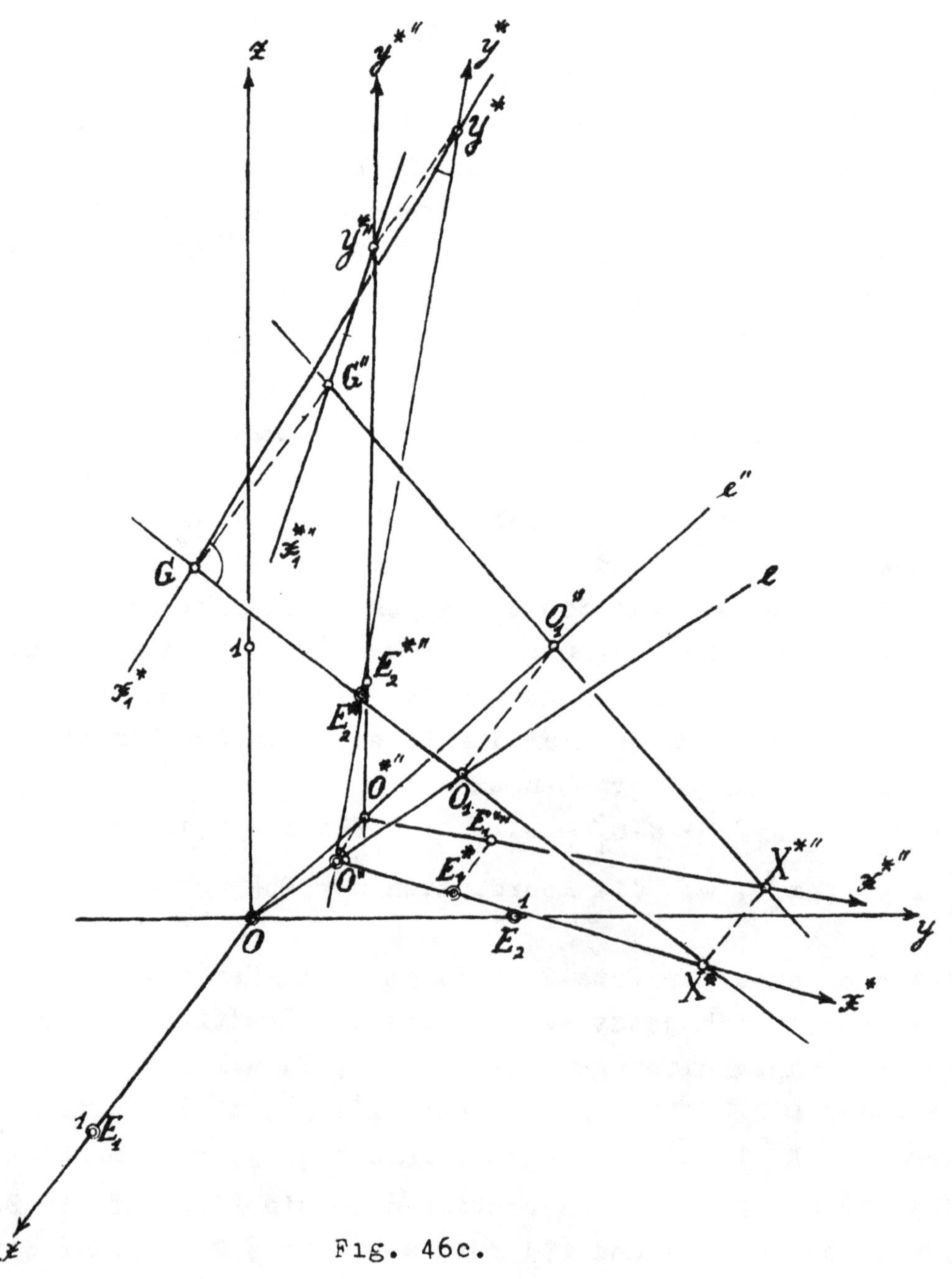

Fig. 46c.

$$b_4 = \frac{y_o^*}{+\sqrt{-x_o^{*2} - y_o^{*2} - z_o^{*2} + w_o^{*2}}},$$

$$c_4 = \frac{z_o^*}{+\sqrt{-x_o^{*2} - y_o^{*2} - z_o^{*2} + w_o^{*2}}},$$

$$d_4 = \frac{w_o^*}{+\sqrt{-x_o^{*2} - y_o^{*2} - z_o^{*2} + w_o^{*2}}},$$

wo jetzt $-a_4^2 - b_4^2 - c_4^2 + d_4^2 = 1$ gilt, (vgl. die Gleichungen (2) des § 2 für $\varepsilon = 1$).

IV. Wir wollen nun auch die Frage aufwerfen: Wie können wir die allgemeinen Gleichungen der ∞^6 gleichsinnigen Bewegungen mit sechs von einander unabhängigen Parametern aufbauen, (vgl. den Satz 3 des § 2) ?

Hier sehen wir leicht: Wir können die Methode des § 9, S. 59 - 69 des Ell. Werkes sofort analog ohne wesentliche Änderungen auch hier ausführen. Doch wollen wir statt dessen lieber eine neue Methode durchführen, welche dem Wesen der hyperbolischen Geometrie besonders angepaßt ist.

Es gibt ja überhaupt mannigfache verschiedene Möglichkeiten zur Erreichung unseres Zieles. Diese neue Methode knüpft an die Ausführungen des Abschnittes I an.

Es seien jetzt also zu den Einheitspunkten E_1, E_2, E_3 der (x, y, z) - Koordinatenachsen die entsprechenden Einheitspunkte E_1^*, E_2^*, E_3^* des neuen (x^*, y^*, z^*) - Koordinatensystems als entsprechende Punkte der Bewegung gegeben. Zu den geometrisch gegebenen Punkten E_1^*, E_2^*, E_3^* läßt sich auch sofort leicht der zugehörige Punkt O^* im Raum konstruieren. Wir brauchen nur die euklidischen Verhältnisse bei den Punkten E_1, E_2, E_3 und O in projektiver Form auf die neuen Punkte E_i^* zu übertragen. Es ist ja der Fußpunkt L des Lotes vom Punkte O auf die Ebene E_1, E_2, E_3 oder der euklidische Mittelpunkt des Dreiecks $E_1E_2E_3$ z.B. auf der Geraden gelegen, welche den Punkt E_1 mit dem absoluten Pol der Geraden E_2E_3 in der Ebene $E_1E_2E_3$, d.h. mit dem Schnittpunkt der Tangenten in den Punkten E_2, E_3 an den Schnittkreis der Ebene

$E_1 E_2 E_3$ mit der absoluten Fläche verbindet. Analoges gilt dann für die Ebene $E_1^* E_2^* E_3^*$ mit ihrem Schnittkreis auf der absoluten Fläche. Der Punkt O^* liegt dann auf der nichteuklidischen Senkrechten im Punkte L^* zur Ebene $E_1^* E_2^* E_3^*$, also auf der Verbindungslinie des Punktes L^* mit dem absoluten Pol M^* dieser Ebene. Auf der Geraden $L^* M^*$ ist endlich der Punkt O^* durch das Doppelverhältnis ($O^* L^* U^* V^*$) bestimmt, wo U^*, V^* die Schnittpunkte von $O^* L^*$ mit der absoluten Fläche sind, da dies Doppelverhältnis gleich dem entsprechenden Doppelverhältnis (O L U V) ist. Es ist dann auch z.B. der Punkt E_{-1}^* als zweiter Schnittpunkt der Geraden $O^* E_1^*$ mit der absoluten Fläche bestimmt.

Wir betrachten jetzt die Aufeinanderfolge der <u>fünf bekannten Teilbewegungen</u>:

(I) <u>Die Drehung um die z- Achse durch den euklidischen und nichteuklidischen Winkel ν</u>, welche den Punkt E_1^* in den Punkt $E_{1,I}$ der (x,z)- Ebene überführt, mit den Gleichungen

$$\begin{aligned}
\rho_I \cdot x_I &= \cos\nu \cdot x^* - \sin\nu \cdot y^*,\\
\rho_I \cdot y_I &= \sin\nu \cdot x^* + \cos\nu \cdot y^*,\\
\rho_I \cdot z_I &= z^*,\\
\rho_I \cdot w_I &= w^*, \quad \text{mit den Ungleichungen } -\frac{\pi}{2} < \nu \leq +\frac{\pi}{2}.
\end{aligned}$$

(Wenn der Punkt E_1^* in einem der Schnittpunkte der z- Achse mit der absoluten Fläche liegt, so können wir den Wert $\nu = 0$ bevorzugen. Analoges gilt auch für die späteren Teilbewegungen).

(II) <u>Die Drehung um die y- Achse durch den euklidischen und nichteuklidischen Winkel μ</u>, welche den Punkt $E_{1,I}$ in den Punkt $E_{1,II}$ = A (1,0,0,1) der x- Achse überführt, mit den Gleichungen

$$\begin{aligned}
\rho_{II} \cdot x_{II} &= \sin\mu \cdot z_I + \cos\mu \cdot x_I,\\
\rho_{II} \cdot y_{II} &= y_I,\\
\rho_{II} \cdot z_{II} &= \cos\mu \cdot z_I - \sin\mu \cdot x_I,\\
\rho_{II} \cdot w_{II} &= w_I, \quad \text{mit den Ungleichungen } -\pi < \mu \leq +\pi.
\end{aligned}$$

(III) <u>Die Grenzdrehung um die d- Achse</u> (mit den Gleichungen x = 1, y= 0) <u>mit dem Paramter δ,</u> welche den Punkt $E_{-1,II}$, der aus dem Punkte E_{-1}^* durch die beiden vorigen Bewegungen entstanden ist, in den Punkt $E_{-1,III}$ der (x,z)- Ebene überführt, mit den Gleichungen (vgl. die Gleichungen (1a-d) des § 5)

$$\rho_{III} \cdot x_{III} = \left(1 - \frac{1}{2\delta^2}\right) \cdot x_{II} - \frac{1}{\delta} y_{II} + \frac{1}{2\delta^2} w_{II},$$

$$\rho_{III} \cdot y_{III} = \frac{1}{\delta} \cdot x_{II} + y_{II} - \frac{1}{\delta} w_{II},$$

$$\rho_{III} \cdot z_{III} = z_{II},$$

$$\rho_{III} \cdot w_{III} = -\frac{1}{2\delta^2} x_{II} - \frac{1}{\delta} y_{II} + \left(1 + \frac{1}{2\delta^2}\right) w_{II}.$$

Sind $E'_{-1,II}$ und $E'_{-1,III}$ die (euklidischen und nichteuklidischen) senkrechten Projektionen der Punkte $E_{-1,II}$, $E_{-1,III}$ auf die (x,y)-Ebene (Fig. 47), so gehen durch diese Bewegung auch die Punkte $E_{-1,II}$, B_{II}, P_{II} in die Punkte $E'_{-1,III}$, $B_{III} = B$, P^{∞}_{III} über. Es ist demgemäß der (von 0 verschiedene) Paramter δ durch die euklidische Strecke $\overrightarrow{A\,P_{II}}$ gegeben und es ist also $\delta \gtrless 0$, bzw. ∞, je nachdem die y- Koordinate des Punktes P_{II} positiv oder negativ, bzw. ∞ ist.

(IV) <u>Die Grenzdrehung um die Achse d_1</u> (oder die polare Grenzdrehung um die Achse d) <u>mit dem Parameter δ_1</u>, welche den Punkt $E_{-1,III}$ der (x,z)- Ebene in den Punkt $E_{-1,IV} = B = E_{-1}$ überführt, mit den Gleichungen, (vgl. die Gleichungen (II) im Abschnitt VII des §5)

$$\rho_{IV} \cdot x_{IV} = \left(1 - \frac{1}{2\delta_1^2}\right) x_{III} + \frac{1}{\delta_1} z_{III} + \frac{1}{2\delta_1^2} w_{III},$$

$$\rho_{IV} \cdot y_{IV} = y_{III};$$

$$\rho_{IV} \cdot z_{IV} = -\frac{1}{\delta_1} x_{III} + z_{III} + \frac{1}{\delta_1} w_{III},$$

$$\rho_{IV} \cdot w_{IV} = -\frac{1}{2\delta_1^2} x_{III} + \frac{1}{\delta_1} z_{III} + \left(1 + \frac{1}{2\delta_1^2}\right) w_{III}.$$

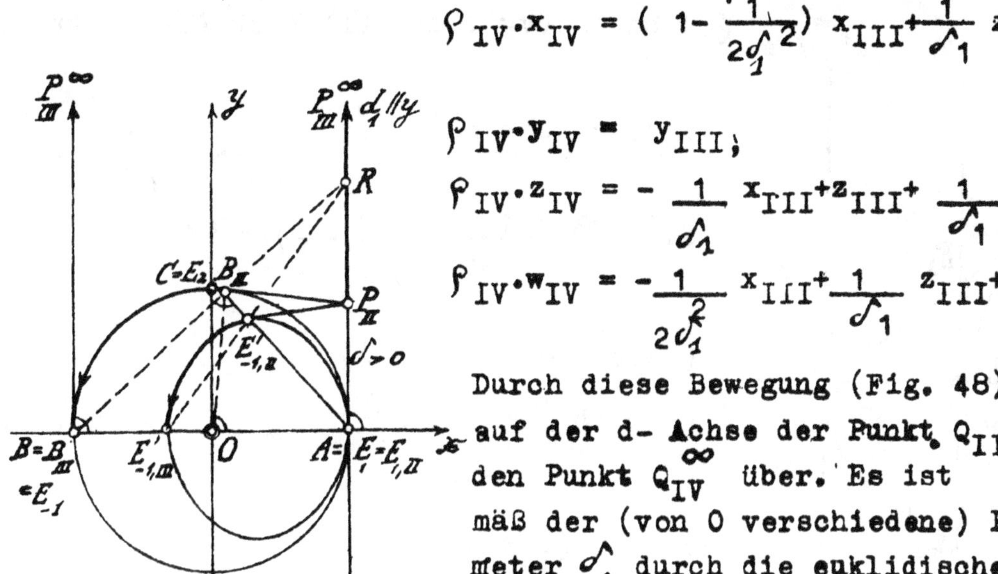

Fig. 47.

Durch diese Bewegung (Fig. 48) geht auf der d- Achse der Punkt Q_{III} in den Punkt Q^{∞}_{IV} über. Es ist demgemäß der (von 0 verschiedene) Parameter δ_1 durch die euklidische Strecke $\overrightarrow{A\,Q_{III}}$ gegeben und es ist $\delta_1 \gtrless 0$, bzw. ∞, je nachdem die z- Koordinate des Punktes Q_{III} negativ, positiv, bzw. ∞ ist.

(V) Die Schraubung um die Achse A B mit den Parametern α, β, welche den Punkt $E_{2,IV}$, der aus dem Punkte E_2^* durch die vorigen vier Teilbewegungen entstanden ist, in den Punkt $C = E_2$ über= führt, mit den Gleichungen

$$\rho \cdot x = \cos h\beta \cdot x_{IV} + \sin h\beta \cdot w_{IV} \,,$$

$$\rho \cdot y = \cos\alpha \cdot y_{IV} - \sin\alpha \cdot z_{IV} \,,$$

$$\rho \cdot z = \sin\alpha \cdot y_{IV} + \cos\alpha \cdot z_{IV} \,,$$

$$\rho \cdot w = \sin h\beta \cdot x_{IV} + \cos h\beta \cdot w_{IV}$$

mit den Ungleichungen $0 \leqq \alpha < 2\pi$ und $-\infty < \beta < +\infty$. -

Die Bewegung mit den aus diesen fünf Teilbewegungen zusammenge= setzten Gleichungen führt dann die Punkte E_1^*, E_{-1}^*, E_2^* in die Punkte E_1, E_{-1}, E_2 und damit auch den Punkt O^* in den Punkt O und die Punkte E_1^*, E_2^*, E_3^*, in die Punkte E_1, E_2, E_3 über. Die zu dieser Bewegung umgekehrte Bewegung ist dann unsere gesuchte Bewe= gung.

9. Diese Bewegung wird dann durch die Gleichungen (1a-d) des §2 festgelegt, wo jetzt die Koeffizienten a_i, b_i, c_i, d_i folgende Werte mit den sechs Parametern $\alpha, \beta, \delta, \delta_1$, μ, ν haben, (vgl. das Ell. Werk, Abschnitt III, S. 65)

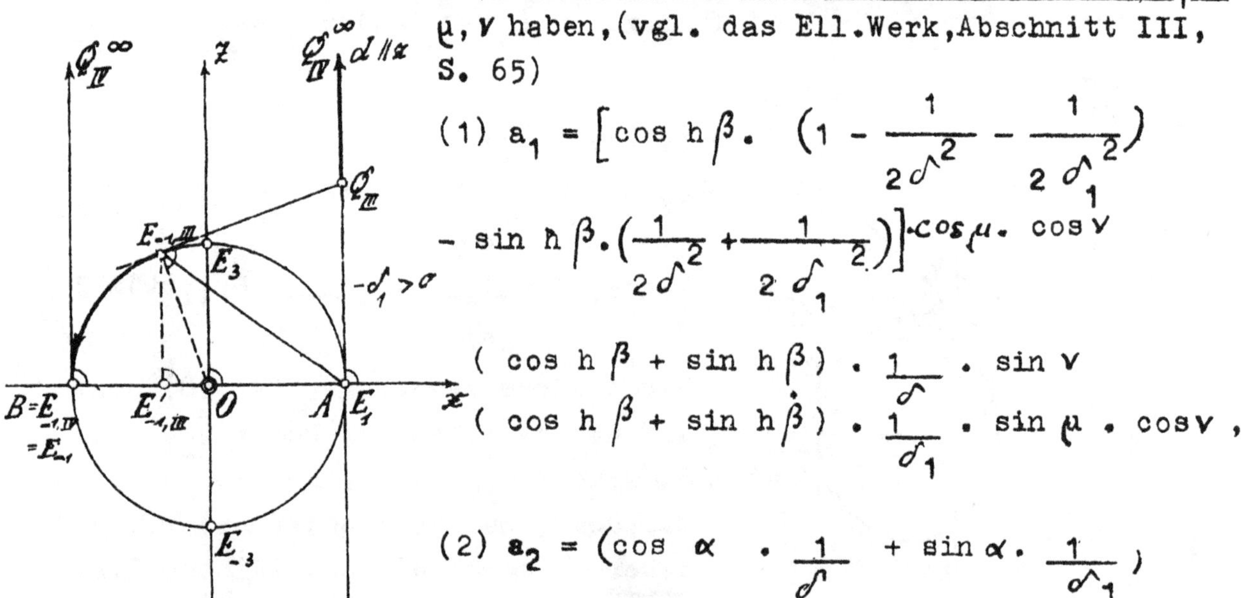

Fig. 48.

$$(1)\ a_1 = \left[\cos h\beta \cdot \left(1 - \frac{1}{2\delta^2} - \frac{1}{2\delta_1^2}\right) - \sin h\beta \cdot \left(\frac{1}{2\delta^2} + \frac{1}{2\delta_1^2}\right)\right] \cdot \cos\mu \cdot \cos\nu$$

$$(\cos h\beta + \sin h\beta) \cdot \frac{1}{\delta} \cdot \sin\nu$$

$$(\cos h\beta + \sin h\beta) \cdot \frac{1}{\delta_1} \cdot \sin\mu \cdot \cos\nu \,,$$

$$(2)\ a_2 = \left(\cos\alpha \cdot \frac{1}{\delta} + \sin\alpha \cdot \frac{1}{\delta_1}\right)$$

$$\cdot \cos\mu \cdot \cos\nu + \cos\alpha \cdot \sin\nu + \sin\alpha \cdot$$

$$\cdot \sin\mu \cdot \cos\nu \,,$$

$$(3)\quad a_3 = \left(\sin\alpha\cdot\frac{1}{\delta} - \cos\alpha\cdot\frac{1}{\delta_1}\right)\cdot\cos\mu\cdot\cos\nu + \sin\alpha\cdot\sin\nu - \cos\alpha\cdot\sin\mu\cdot\cos\nu\,,$$

$$(4)\quad a_4 = \left[-\sinh\beta\cdot\left(1-\frac{1}{2\delta^2}-\frac{1}{2\delta_1^2}\right)+\cosh\beta\cdot\left(\frac{1}{2\delta^2}+\frac{1}{2\delta_1^2}\right)\right]\cdot\cos\mu\cdot\cos\nu + (\cosh\beta+\sinh\beta)\cdot\frac{1}{\delta}\cdot\sin\nu + (\cosh\beta+\sinh\beta)\cdot\frac{1}{\delta_1}\cdot\sin\mu\cdot\cos\nu\,,$$

$$(5)\quad b_1 = \left[-\cosh\beta\cdot\left(1-\frac{1}{2\delta^2}-\frac{1}{2\delta_1^2}\right)+\sinh\beta\cdot\left(\frac{1}{2\delta^2}+\frac{1}{2\delta_1^2}\right)\right]\cdot\cos\mu\cdot\sin\nu - (\cosh\beta+\sinh\beta)\cdot\frac{1}{\delta}\cdot\cos\nu + (\cosh\beta+\sinh\beta)\cdot\frac{1}{\delta_1}\cdot\sin\mu\cdot\sin\nu\,,$$

$$(6)\quad b_2 = -\left(\cos\alpha\cdot\frac{1}{\delta} + \sin\alpha\cdot\frac{1}{\delta_1}\right)\cdot\cos\mu\cdot\sin\nu + \cos\alpha\cdot\cos\nu - \sin\alpha\cdot\sin\mu\cdot\sin\nu\,,$$

$$(7)\quad b_3 = \left(-\sin\alpha\cdot\frac{1}{\delta} + \cos\alpha\cdot\frac{1}{\delta_1}\right)\cdot\cos\mu\,\sin\nu + \sin\alpha\cdot\cos\nu + \cos\alpha\cdot\sin\mu\cdot\sin\nu\,,$$

$$(8)\quad b_4 = \left[-\sinh\beta\cdot\left(1-\frac{1}{2\delta^2}-\frac{1}{2\delta_1^2}\right)+\cosh\beta\cdot\left(\frac{1}{2\delta^2}+\frac{1}{2\delta_1^2}\right)\right]\cdot\cos\mu\cdot\sin\nu + (\cosh\beta+\sinh\beta)\cdot\frac{1}{\delta}\cdot\cos\nu - (\cosh\beta+\sinh\beta)\cdot\frac{1}{\delta_1}\cdot\sin\mu\cdot\sin\nu\,,$$

$$(9)\quad c_1 = \left[\cosh\beta\cdot\left(1-\frac{1}{2\delta^2}-\frac{1}{2\delta_1^2}\right)-\sinh\beta\cdot\left(\frac{1}{2\delta^2}+\frac{1}{2\delta_1^2}\right)\right]\cdot\sin\mu + (\cosh\beta+\sinh\beta)\cdot\frac{1}{\delta_1}\cdot\cos\mu\,,$$

$$(10)\quad c_2 = \left(\cos\alpha\cdot\frac{1}{\delta} + \sin\alpha\cdot\frac{1}{\delta_1}\right)\cdot\sin\mu - \sin\alpha\cdot\cos\mu\,,$$

$$(11)\quad c_3 = \left(\sin\alpha\cdot\frac{1}{\delta} - \cos\alpha\cdot\frac{1}{\delta_1}\right)\cdot\sin\mu + \cos\alpha\cdot\cos\mu\,,$$

$$(12)\quad c_4 = \left[-\sinh\beta\cdot\left(1-\frac{1}{2\delta^2}-\frac{1}{2\delta_1^2}\right)+\cosh\beta\cdot\left(\frac{1}{2\delta^2}+\frac{1}{2\delta_1^2}\right)\right]\cdot\sin\mu - (\cosh\beta+\sinh\beta)\cdot\frac{1}{\delta_1}\cdot\cos\mu\,,$$

(13) $d_1 = -\sin h\beta \cdot \left(1 + \frac{1}{2\delta^2} + \frac{1}{2\delta_1^2}\right) - \cos h\beta \cdot \left(\frac{1}{2\delta^2} + \frac{1}{2\delta_1^2}\right)$,

(14) $d_2 = \cos\alpha \cdot \frac{1}{\delta} + \sin\alpha \cdot \frac{1}{\delta_1}$,

(15) $d_3 = \sin\alpha \cdot \frac{1}{\delta} - \cos\alpha \cdot \frac{1}{\delta_1}$,

(16) $d_4 = \sin h\beta \cdot \left(\frac{1}{2\delta^2} + \frac{1}{2\delta_1^2}\right) + \cos h\beta \cdot \left(1 + \frac{1}{2\delta^2} + \frac{1}{2\delta_1^2}\right)$.

Es sei nebenbei bemerkt: Analytisch ergibt sich jetzt der Punkt 0^* aus diesen Bewegungsgleichungen für die Werte $x = y = z = 0, w = 1$. Die Koordinaten des Punktes 0^* sind also die Größen a_4, b_4, c_4, d_4. Überhaupt legen gegebene Werte der sechs Parameter $\alpha, \beta, \delta, \delta_1, \mu, \nu$ das zugehörige Koordinatensystem mit den Punkten 0^*, E_1^*, E_2^*, E_3^* eindeutig fest.

Wir können noch folgendes hinzufügen: Jede der fünf Teilbewegungen hat als Determinante der Koeffizienten $\Delta_i = 1$, ($i = 1,2,3,4,5$). Die Aufeinanderfolge zweier Bewegungen mit den Determinanten $\bar{\Delta}, \bar{\bar{\Delta}}$ ihrer Koeffizienten, wie insbesondere die Aufeinanderfolge zweier Bewegungen der vorstehenden Betrachtung, hat aber nach dem Multiplikationsatze der Determinantentheorie die Determinante ihrer Koeffizienten $\Delta = \bar{\Delta}\,\bar{\bar{\Delta}}$.

Folglich gewinnen wir hier den Satz:

10. Unsere Bewegung mit den soeben gewonnenen Koeffizienten a_i, b_i, c_i, d_i hat die Determinante $\Delta = 1$ und also ist auch die Größe $\varepsilon = 1$ in den Bedingungsgleichungen (2) und (5) des § 2, (vgl. im Abschnitt I diesen bereits bewiesenen Satz im Anschluß an den Satz 3).

§.7.

Die bei einer gleichsinnigen Bewegung gleichsinnig festbleibenden reellen Geraden und die Schraubungen um eine die absolute Fläch reell schneidende Achse g mit ihren Abstandsflächen.

I. Im Folgenden ist die Identität natürlich wie bisher stets ausgeschlossen. Vorerst wollen wir den Begriff "gleichsinnig festbleibende Gerade" allgemein festlegen. Wenn eine reelle Gerade g bei einer gleichsinnigen Bewegung sich selbst entspricht, so kann diese

Gerade ja die absolute Fläche in zwei reellen oder konjugiert imaginären Punkten schneiden oder sie berühren. Wir definieren nun:

1. Eine die absolute Fläche in zwei reeellen oder konjugiert imaginären Punkten P,Q schneidende, sich selbst entsprechende Gerade soll "sich gleichsinnig entsprechend" heißen, wenn die Punkte P,Q sich einzeln selbst entsprechen, (sonst sich ungleichsinnig entsprechend).

2. Eine die absolute Fläche in einem Punkt P berührende, sich selbst entsprechende Gerade soll „sich gleichsinnig entsprechend" heißen, wenn entweder alle Punkte der Geraden sich selbst entsprechen oder nur der Punkt P, (sonst sich ungleichsinnig entsprechend).

Eine sich gleichsinnig selbst entsprechende Gerade nach der Definition 1 ergibt sich bei einer Schraubung mit ihren speziellen Fällen um die Achsen x, x_1^∞.
Dann sind die einander absolut polaren Achsen x, x_1^∞ der Schraubung die einzigen sich gleichsinnig entsprechenden Geraden. Wir bemerken noch: Ist der Winkel α der Schraubung gleich 0 (also $\beta \neq 0$) oder π, so sind zwar alle Tangenten der absoluten Fläche durch den Punkt A oder B, dem einen oder andern Schnittpunkt der x- Achse mit der absoluten Fläche, sich selbstentsprechende Geraden. Doch sind sie nicht sich gleichsinnig entsprechende Geraden, da ja niemals alle Punkte einer solchen Tangente sich einzeln selbst entsprechen, andererseits aber außer dem Punkte A oder B. stets noch der Schnittpunkt mit der x_1^∞- Achse sich selbst entspricht.

Eine sich gleichsinnig selbst entsprechende Gerade nach der Definition 2 kann nur bei einer Grenzbewegung mit einem beliebigen Mittelpunkt M der absoluten Fläche sich ergeben, (vgl. auch die Betrachtungen der Abschnitte VIII und IX des § 5). Und zwar sind bei einer solchen Bewegung dann alle Tangenten in der Tangentialebene des Punktes M sich gleichsinnig entsprechende Gerade, aber sonst keine andere Gerade, (vgl. die Sätze 9 und 10 des § 5). Es entspricht ja auch sonst überhaupt keine andere Gerade der Tangentialebene des Punktes M sich selbst.

II Wir behaupten nun den Satz:

3. Bei jeder gleichsinnigen Bewegung bleibt stets wenigstens eine reelle Gerade g gleichsinnig fest.

Zum Beweise dieses Satzes 3 knüpfen wir an den allgemeinen Satz der projektiven Geometrie des Raumes an,(vgl. den Satz 3 des Ell. Werkes, S.70 mit der angegebenen Literatur):

4. Bei jeder projektiven Transformation des Raumes, also auch bei jeder gleichsinnigen Bewegung, bleibt wenigstens ein Punkt P des Raumes fest.

Ist jetzt dieser Punkt P ein imaginärer Punkt der absoluten Fläche, so bleibt auch sein konjugiert imaginärer Punkt der absoluten Fläche fest und damit gleichsinnig die reelle Verbindungslinie der beiden Punkte. Ist dieser Punkt P ein reeller Punkt der absoluten Fläche, so bleibt entweder noch ein reeller Punkt Q der absoluten Fläche fest oder nicht.

5. Im ersten Falle bleibt dann also die Gerade P Q gleichsinnig fest und im zweiten Falle bleiben alle Geraden des Büschels mit dem Träger P in der Tangentialebene des Punktes P gleichsinnig fest, da die Bewegung dann eine Grenzdrehung mit dem Mittelpunkt P ist, (vgl. die Sätze 42 und 50 des § 5).

Für diese Möglichkeiten ist also der Satz 3 bewiesen.

Ist jetzt der Punkt P des Satzes 4 ein reeller innerer oder äußerer Punkt für die absolute Fläche, so bleibt auch seine reelle absolute Polarebene $\mathfrak{P}$ fest; dann muß, wie bei jeder projektiven Transformation in einer Ebene, in dieser Ebene $\mathfrak{P}$ ein Punkt Q festbleiben. Ist dieser Punkt Q ein imaginärer Punkt, so bleibt auch der konjugiert imaginäre Punkt Q_1 fest und damit die reelle Verbindungslinie $Q\,Q_1$. Ist letztere Tangente der absoluten Fläche, so bleibt der Berührungspunkt fest und es gilt der Satz 5. Ist aber der Punkt Q ein reeller Punkt, so bleibt die reelle Gerade P Q fest, welche die absolute Fläche reell oder imaginär schneiden oder, im Falle daß P ein äußerer Punkt ist, auch berühren kann. Im letzteren Falle ist der festbleibende Punkt Q der Berührungspunkt der Geraden P Q und es gilt dann wieder analog der Satz 5. Auf die anderen Fälle kommen wir sogleich zurück.

Ist endlich P ein imaginärer, nicht auf der absoluten Fläche liegender Punkt, so bleibt auch sein konjugiert imaginärer Punkt P_1 fest und damit die reelle Verbindungslinie $P\,P_1$, welche wieder die absolute Fläche reell oder imaginär schneiden oder in einem Punkte Q berühren kann. In letzterem Falle bleibt der Punkt Q fest und es gilt wieder analog der Satz 5.

Wir haben nun noch den Fall weiter zu behandeln, daß eine die absolute Fläche reell oder imaginär schneidende reelle Gerade h im Ganzen festbleibt. Dann muß auch die absolute Polare h_1 zur Geraden h im Ganzen festbleiben. Es gibt dann also jetzt stets eine reelle Gerade, welche die absolute Fläche schneidet und im Ganzen festbleibt. Diese jetzt mit k bezeichnete Gerade kann nun entweder gleichsinnig oder ungleichsinnig festbleiben. Zum vollständigen Beweise des Satzes 3 haben wir nur noch die letzte Möglichkeit näher zu betrachten. Die Schnittpunkte U, U^* der Geraden k mit der absoluten Fläche gehen jetzt also gegenseitig in einander über. Dann aber muß es zwei Punkte S, S_1 auf der Geraden k geben, die sich einzeln selbst entsprechen und zu einander absolut polar sind, sodaß einer von ihnen, etwa der Punkt S im Innern der absoluten Fläche liegt. Es entspricht sich dann auch die im Punkte S zur Geraden k nichteuklidisch senkrechte Ebene $\mathfrak{K}$ selbst. Entspricht jetzt in der Ebene $\mathfrak{K}$ einem Punkt V ihrer absoluten Schnittkurve mit der absoluten Fläche dem Punkte V^*, (wobei auch $V = V^*$ sein kann), so ist die gegebene gleichsinnige Bewegung ja durch die Punkte U, U^*, V und ihre entsprechenden Punkte U^*, U, V^* eindeutig bestimmt, (vgl. den Satz 1 des § 6) und zwar ist sie die Umwendung um die nichteuklidische Winkelhalbierende $W W_0 = g$ des Winkels $V \hat{S} V^*$, (Fig. 49), (d.h. die Aufeinanderfolge der nichteuklidischen Spiegelungen an der Ebene der Fig. 49 und der zu ihr nichteuklidisch senkrechten Ebene durch die Gerade $W W_0$).

Es entspricht also die Gerade g sich gleichsinnig selbst. Hiermit ist der Satz 3 allgemein bewiesen.

III. Wir haben auch gesehen:

6. Wenn die sich gleichsinnig entsprechende Gerade g die absolute Fläche in einem Punkte M berührt, so ist die gegebene Bewegung stets eine Grenzdrehung um eine Achse $\bar{d}$ durch den Punkt M in der Tangentialebene dieses Punktes. Es sind dann auch alle Geraden durch den Punkt M in der Tangentialebene des Punktes M und nur diese sich gleichsinnig entsprechende Gerade.

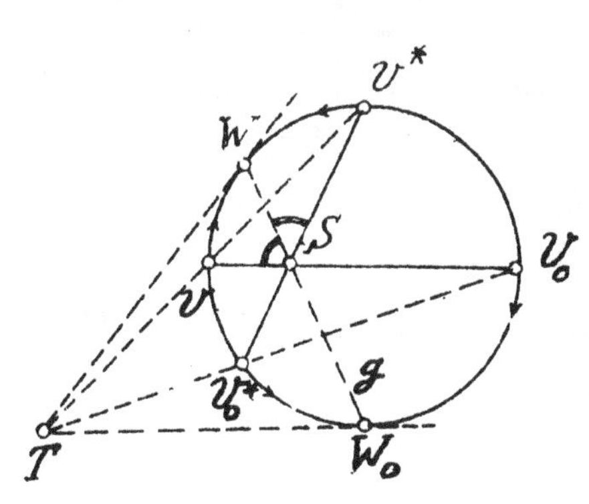

Fig. 49.

Vor allem gilt weiter der wichtige Satz:

7. Wenn die sich gleichsinnig entsprechende Gerade g die absolute Fläche in den

reellen Punkten P,Q schneidet, so kann (abgesehen von der Identität) nicht noch eine andere die absolute Fläche reell schneidende oder sie berührende Gerade sich gleichsinnig entsprechen.

Wir brauchen jetzt nur zu dem Satz 1 des § 6 zurück zu blicken, nach dem die Identität vorliegt, wenn drei reelle Punkte der absoluten Fläche sich selbst entsprechen. Wir brauchen nur noch einen Blick auf die Möglichkeit zu werfen, daß eine zweite sich gleichsinnig entsprechende Gerade g die absolute Fläche berührte und zwar in einem der Schnittpunkte P, Q der Geraden g mit der absoluten Fläche. Die Bewegung müßte dann nach dem Satze 6 eine Grenzbewegung mit dem Berührungspunkt der Geraden g als Mittelpunkt sein. Nach dem Satz 10 des § 5 aber könnte die Bewegung wieder nur die Identität sein.
Wir können jetzt weiter folgern:
Es ist im Falle des Satzes 7 die einzelne gleichsinnige Bewegung eindeutig festgelegt, wenn noch ein Paar entsprechender Punkte der absoluten Fläche gegeben ist (vgl. den Satz 1 des § 5). Wir nennen jetzt diese gleichsinnige Bewegung die Schraubung, speziell die Drehung oder polare Drehung mit der Achse g.
Wir können jetzt eben die Betrachtungen im § 4 über die ∞^2 Schraubungen längs der x- Achse und die dort gewonnenen Sätze, sowie die Betrachtungen über die im § 3 behandelten speziellen Fälle der Drehung und der polaren Drehung um die x- Achse, sogleich auf die Schraubenbewegungen übertragen, bei denen die die absolute Fläche reell schneidende Gerade g gleichsinnig fest bleibt,(vgl. den Abschnitt II, S. 73 des Ell.Werkes). Insbesondere erkennen wir z.B. den Satz:

8. Bei einer Schraubung um die (die absolute Fläche reell schneidende) g- Achse bleibt auch die die absolute Fläche nicht reell treffende absolute Polare g_1 der g- Achse gleichsinnig fest,(aber sonst keine andere Gerade). Die Schraubung um die g- Achse ist zugleich als eine Schraubung um die g_1- Achse anzusehen.
Auch zeigen wir leicht noch den umgekehrten Satz:
8a. Wenn bei einer gleichsinnigen Bewegung eine die absolute Fläche nicht reell treffende Gerade g_1 gleichsinnig festbleibt, so bleibt auch die absolute Polare g der Geraden g_1 gleichsinnig fest und die Bewegung ist eine Schraubung um die g- oder g_1- Achse.

Denn dieser Satz gilt auch für die (x, x_1^{∞})- Achsen. Hier aber läßt er sich wie folgt beweisen: Wenn die Gerade x_1^{∞} sich selbst entspricht, so müssen auch die Berührungspunkte A,B der beiden Tangentialebenen durch die Gerade x_1^∞ an die absolute Fläche sich einzeln selbst entsprechen oder sich gegenseitig entsprechen. Es sei nun die Bewegung dadurch festgelegt, daß auch noch ein sich entsprechendes Punktepaar der absoluten Fläche P,P* gegeben ist. Wenn jetzt die Punkte A,B,P den Punkten B,A,P* entsprechen, so können wir die hierdurch festgelegte gleichsinnige Bewegung durch die Aufeinanderfolge der beiden Teilbewegungen erzeugen, der Umwendung um die z- Achse, welche die Punkte A,B, P in die Punkte B,A,P_I überführt, und der Schraubung um die x- Achse, welche die Punkte B,A,P_I in die Punkte B,A,P* überführt. Bei der Umwendung um die z- Achse vertauschen sich aber die beiden Schnittpunkte der x_1^∞- Achse und der absoluten Fläche mit den Koordinaten $(0, \pm i, 1, 0)$, während diese bei der zweiten Teilbewegung unverändert bleiben. Es müssen daher ersichtlich bei einer gleichsinnigen Bewegung, welche die Schnittpunkte der x_1^∞-Achse mit der absoluten Fläche einzeln unverändert lassen, notwendig auch die Punkte A,B einzeln sich selbst entsprechen. - Es folgt weiter sogleich:

8.b. <u>Es kann also außer der sich gleichsinnig entsprechenden Geraden g, welche die absolute Fläche reell schneidet, nicht auch noch eine von der absoluten Polaren g_1 verschiedene, die absolute Fläche nicht treffende Gerade g_1 sich gleichsinnig selbst entsprechen. -</u>

Wir können uns bei der weiteren Betrachtung der Schraubungen um eine beliebige g - Achse damit begnügen, die neue g- Achse als eine euklidische Parallele zur x- Achse durch einen Punkt $\bar{O}$ der z- Achse mit der Koordinate $\bar{z} < 1$ zu wählen. Denn die Schraubungen um eine solche besondere g - Achse können wir leicht durch weitere euklidische und nichteuklidische Drehungen um Drehungsachsen durch den Koordinatenanfangspunkt O auf die Schraubungen um eine beliebige Achse des Raumes übertragen. Die gwünschte Übertragung der Schraubungen um die x- Achse auf die soeben angegebene neue g-Achse können wir nun wie folgt ausführen: Wir wollen nämlich zur Gewinnung der einzelnen Schraubung um die g- Achse die folgenden <u>drei Teilbewegungen</u> aufeiander folgen lassen:

<u>erstens</u> die polare Drehung $\mathcal{L}_1$ längs der z- Achse, welche den Punkt $\bar{O}$ in den Punkt O überführt und übrigens mit ihren analytischen Gleichungen ganz analog wie die polare Drehung längs der x- Achse aufgebaut ist, <u>zweitens</u> eine allgemeine Schraubung $\mathcal{L}_2$ längs der

x- Achse mit den Paramtern α, β und drittens die umgekehrte polare Drehung $\mathfrak{L}_1^{-1}$ längs der z - Achse zur polaren Drehung $\mathfrak{L}_1$. Dies im Einzelnen mit den zugehörigen Gleichungen der Teilbewegungen auszuführen, hat ja nicht die geringste Schwierigkeit, (vgl. die analogen Betrachtungen im Ell.Werk,Abschnitt II,S.73).

9. Es übertragen sich alle unsere Betrachtungen des § 4 über die Schraubungen längs der x - Achse nun auch auf die Schraubungen längs der besonderen g - Achse oder längs einer beliebigen Achse. Entsprechende Punkte bei einer Schraubung längs der g- Achse gehen eben aus den entsprechenden Punkten der analogen Schraubung längs der x- Achse durch die polare Drehung längs der z- Achse hervor.

Zusammengefaßt ergibt sich also schließlich:

10. Die Gesammtheit aller gleichsinnigen Bewegungen des Raumes besteht aus den ∞^6 Schraubungen(speziell Drehungen und polaren Drehungen) längs zwei absoluten Polaren g, g_1, von denen eine Achse die absolute Fläche reell schneidet, die andere sie nicht trifft, und aus den ∞^4 Grenzdrehungen um eine die absolute Fläche in einem Punkte M berührende Gerade $\bar{d}$,(vgl. hier in der elliptischen Geometrie die ∞^6 allgemeinen Schraubungen, einschließlich der Drehungen, um die absoluten Polaren g, g_1 und die ∞^3 positiven oder negativen Schiebungen, sowie in der euklidischen Geometrie die ∞^6 Schraubungen und Drehungen um die Achse g und die ∞^3 Translationen oder Schiebungen).

Eine gleichsinnige Bewegung, welche keinen reellen Punkt der absoluten Fläche festläßt, gibt es also nicht.(Eine ungleichsinnige Bewegung, bei der kein reeller Punkt der absoluten Fläche festbleibt, ist z.B. die Aufeinanderfolge einer Drehung um die x- Achse und der Spiegelung an der (y,z)- Ebene).

IV. Wir wollen jetzt insbesondere noch die Abstandsflächen für die die absolute Fläche reell schneidende g- Achse näher betrachten. Auf ihnen liegen ja z.B. die neuen Schraubenlinien mit der g- Achse. Die speziellen Schraubenlinien, die Breitenkreise und Meridiankreise der neuen Abstandsflächen für die g- Achse, sind insbesondere die Bahnkurven der kontinuirlichen Drehung, bzw. polaren Drehung um die g- Achse (oder die Bahnkurven der kontinuirlichen polaren Drehung, bzw. Drehung um die g_1- Achse). Die Breitenkreise,bzw.

Meridiankreise sind auch einfach die Schnitte der neuen Abstands=flächen mit den Ebenen senkrecht zur g- Achse, bzw. durch die g- Achse.

Die Fig. 50a zeigt uns die Schnitte von sieben Abstandsflächen für die x- Achse mit der (x,z)- Ebene, also die <u>Meridiane</u> daselbst, und die Fig. 50b die Schnitte der entsprechenden sieben Abstands=flächen für die g- Achse mit der (x,z)- Ebene, die <u>Meridiane</u> oder Abstandskurven, daselbst. Die entsprechenden Punkte der Fig. 50b sind mit den gleichen Buchstaben jedoch mit einem Stern, wie in der Fig. 50a, bezeichnet.

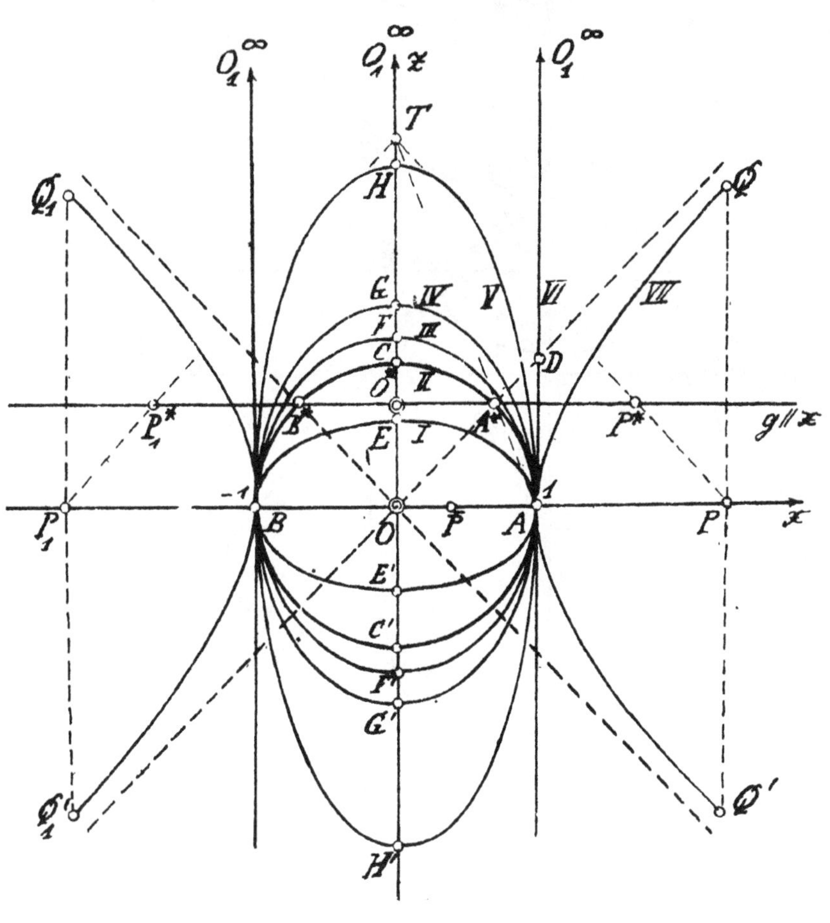

Fig. 50a.

Die im Innern der absoluten Fläche gelegenen neuen Meri=diankurven mit dem Beispiel I sind euklidisch stets Ellipsen, die im Äußern der absoluten Fläche gelegenen neuen Meri=diankurven für die <u>innere</u> Strecke $A^* B^*$ mit den Beispielen III, IV, V sind Ellipsen, eine Parabel oder Hy=perbeln. (Die absolute Kurve selbst ist der Übergsfall II). Wir haben eben die Meridiankurve IV der Fig. 50a so gewählt, daß sie in der Fig. 50b die Parabel ergibt. Die im Äußern der absoluten Fläche gelegenen Meridian=kurven für die <u>äußere</u> Strecke $A^* B^*$ mit dem Beispiel VII sind stets Hyperbeln. Die beiden Tangenten vom Punkte O_1^*, dem Schnittpunkt der absoluten Polaren g_1 zur g- Achse mit der z- Achse, sind die Über=

gangskurve zwischen den inneren und äußeren Abstandskurven(vgl. den Satz 9 im Abschnitt IV des § 4). Wie in der Fig. 50a der

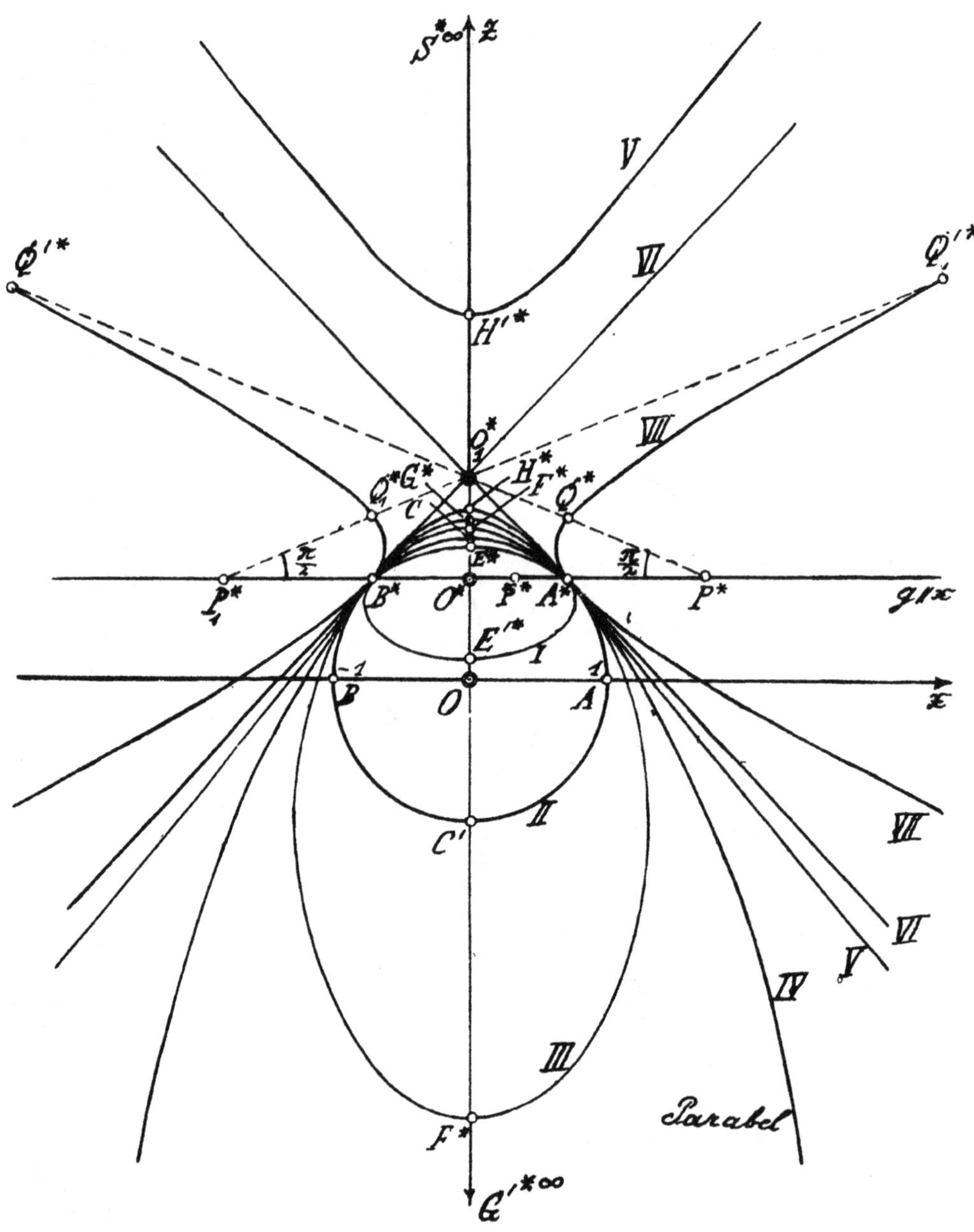

Fig. 50b.

Punkt O_1^* und die X- Achse, so sind auch in der Fig. 50b der Punkt O_1^* und die g- Achse absoluter Pol und absolute Polare zu einander. Die entsprechenden Punktreihen auf den x- und g- Achsen sind ähnlichePunktreihen, da ja die euklidisch unendlich- fernen Punkte einander entsprechen,(vgl. den Satz 13 des § 3). Der Punkt T auf der z Achse, der durch die Verbindungslinie $A\ A^*$ geliefert wird, ist das Ähnlichkeitszentrum (Fig. 50a). Hiernach sind also leicht die entsprechenden Punkte P^* und P_1^* zu den Punkten P und P_1 in der Fig. 50a zu erhalten und in die Fig. 50b zu übertragen. Es sind dann weiter auch leicht die Punkte Q^*, Q'^* und Q_1^*, $Q_1'^*$ der Fig. 50b. aus den entsprechenden Punkten der Fig. 50a zu konstruieren.

Es ist leicht, für jede Ellipse oder Hyperbel der Fig.50b auch die zur z- Achse senkrechte euklidische Achse aus der Fig.50a zu konstruieren. Für die Hyperbel VII z.B. bestimmen wir in der Fig. 50a den Punkt S der z- Achse, der in den euklidisch unendlichfernen Punkt $S^{*\infty}$ der z- Achse in der Fig. 50b übergeht. Dieser Punkt S ist einfach als der euklidische Spiegelpunkt des Punktes O_1^* bezüglich des Punktes O in der Fig 50b zu erhalten. Wir legen dann in der Fig. 50a vom hierher übertragenen Punkte S aus die beiden Tangenten an die Hyperbel VII mit den Berührungspunkten U,V und bestimmen den Schnittpunkt S_1 der Geraden U,V mit der z-Achse.

Es ist übrigens dann $O\,S \cdot O\,S_1 = -p^2$, wo $p \cdot i$ die imaginäre Halbachse der Hyperbel VII in der Fig. 50a, also $p = A.D$ ist. Der dem Punkte S_1 entsprechende Punkt S_1^* ist dann der euklidische Mittelpunkt der Hyperbel VII in der Fig.50b. Natürlich können wir auch diesen Mittelpunkt S_1^* direkt aus den bereits konstruierten Punkten und Tangenten der Hyperbel VII in der Fig. 50b konstruieren.

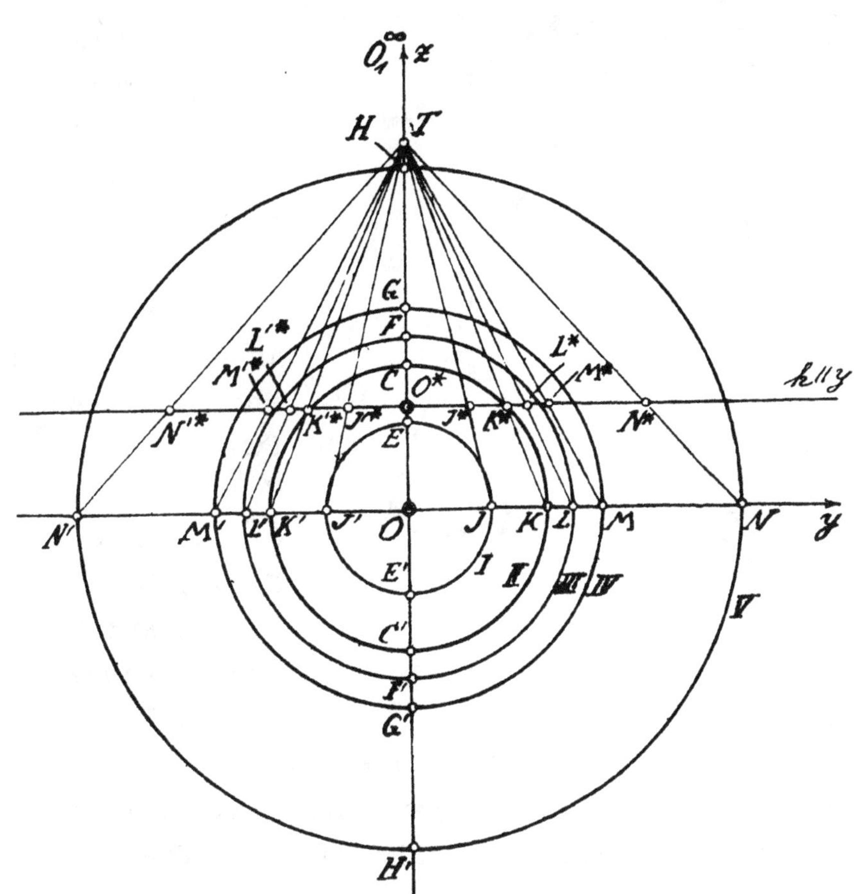

Fig.51a.

Es sei auch noch bei der Hyperbel VII erwähnt: Die Tangenten der Hyperbel für die Punkte Q,Q in der Fig. 50a schneiden sich in dem Punkte $\bar{P}$ auf der x- Achse, wo $O\bar{P} \cdot OP = OA^2 = 1$ ist oder die Punkte A,B, P,$\bar{P}$ harmonisch sind. Analoges gilt dann für die Hyperbel der Fig. 50b mit den analogen Tangenten $Q^* \bar{P}^*$ und $Q'^* \bar{P}^*$ der Punkte Q^*, Q'^*. Es sind übrigens auch die Punktquadrupel P^*, O_1^*, Q^*, Q'^*, sowie O^*, O_1^*, C, C und O^*, O_1^*, E^*, E'^* und O^*, O_1^*, F^*, F'^* u.s.w. harmonisch. Es ist also der Punkt G^* die euklidische Mitte der Strecke O^*, O_1^*.

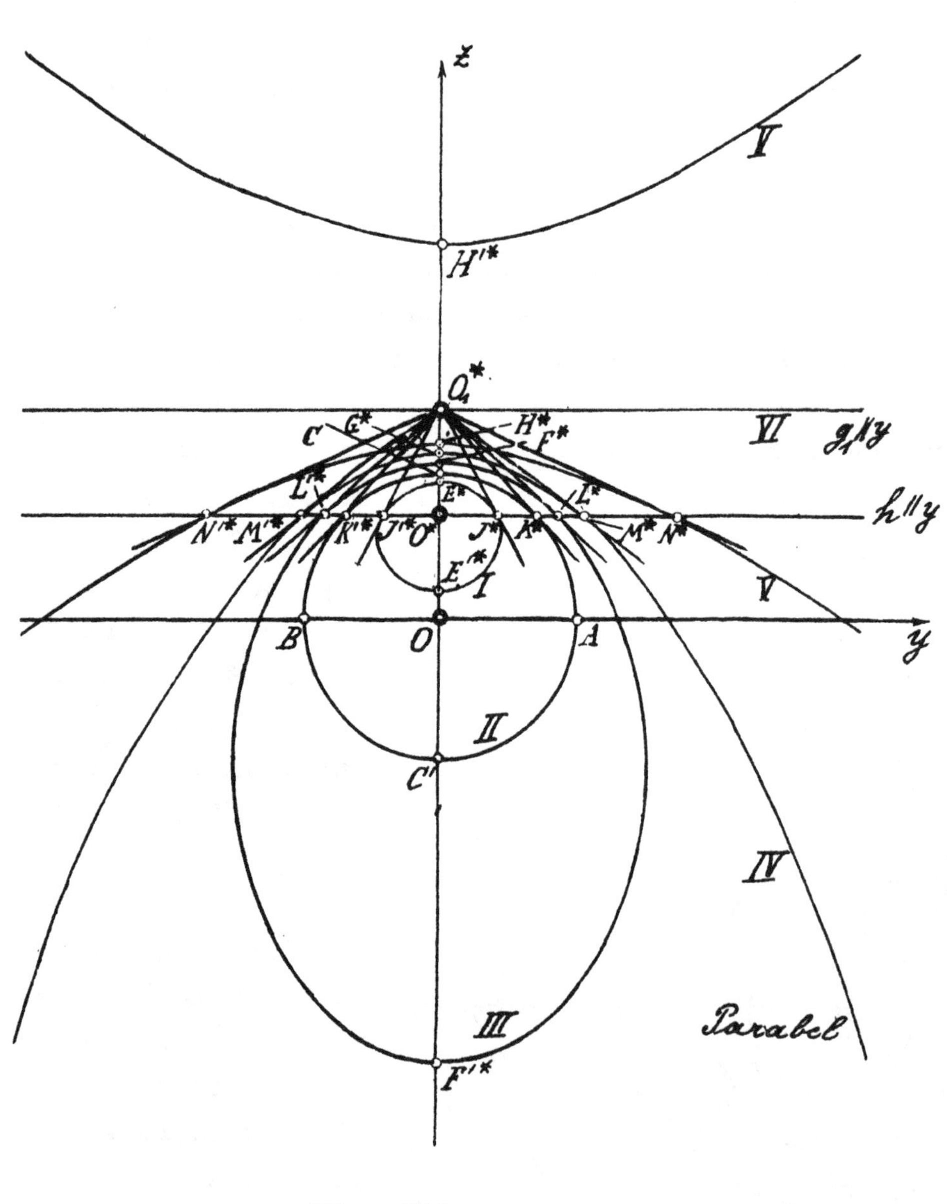

Fig. 51b.

Die Figuren 51a,b zeigen die analogen Verhältnisse in der (y,z)-Ebene. Die Schnittkurven sind hier also Breitenkreise. Hier ist z.B. die Punktreihe N', M', ..., O, ..., M, N in der Fig. 51a ähnlich zu der Punktreihe N'^*, M'^* ..., O^*, ..., M^*, N^* in der Fig. 51b. Die Punkte auf der z- Achse in den Figuren 51a,b sind dieselben, wie analog in den Figuren 50a,b. Die Figuren 52a,b endlich zeigen die analogen Verhältnisse in der (x,y)- Ebene und in der entsprechenden parallelen(g,h)- Ebene. Die Schnittkurven sind hier wieder Meridiane. Die Fig. 52a ist, nur mit andern Bezeichnungen, demgemäß gleich der Fig. 50a. Die

Punkte auf der y-Achse, bzw. der h-Achse in den Figuren 52a,b sind analog dieselben wie in den Figuren 51a,b und auf den x- und g-Achsen dieselben wie in den Figuren 50a,b.

Die Figuren 52a,b sind auch im Ganzen zu einander ähnlich mit dem Ähnlichkeitsverhältnis $OA : O^{*}A^{*}$. Im Raum entspricht ja die euklidisch unendlichferne Gerade in der (x, y) - Ebene, die absolute Polare der z-Achse, sich punktweise selbst. Entsprechende Geraden durch die Punkte O, O^{*} in den beiden Ebenen der Figuren 52a,b sind also im Raum einander parallel und die Schnittkurve der absoluten Fläche mit der (x, y) - Ebene geht in die Schnittkurve der absoluten Fläche mit der (g, h) - Ebene über. Die Figuren 50b, 51b, 52b sind dann im Raume so zu einander gelegen zu denken, daß die Punkte O^{*}, O_1^{*} und die g, h, z - Achsen bzw. zusammenfallen. Dementsprechend ist z.B. ein neuer allgemeiner zur (x, z) - Ebene euklidisch symmetrischer Breitenkreis für die g-Achse (oder ein Meridian für die g_1-Achse) in der Ebene durch die g_1-Achse mit dem Punkte O_1^{*} und durch die Punkte Q^{*}, Q'^{*} der Fig. 50b mit ihren zur (x, z) - Ebene senkrechten Tangenten und die Punkte R^{*}, R'^{*} der Fig. 52b im Raum bestimmt

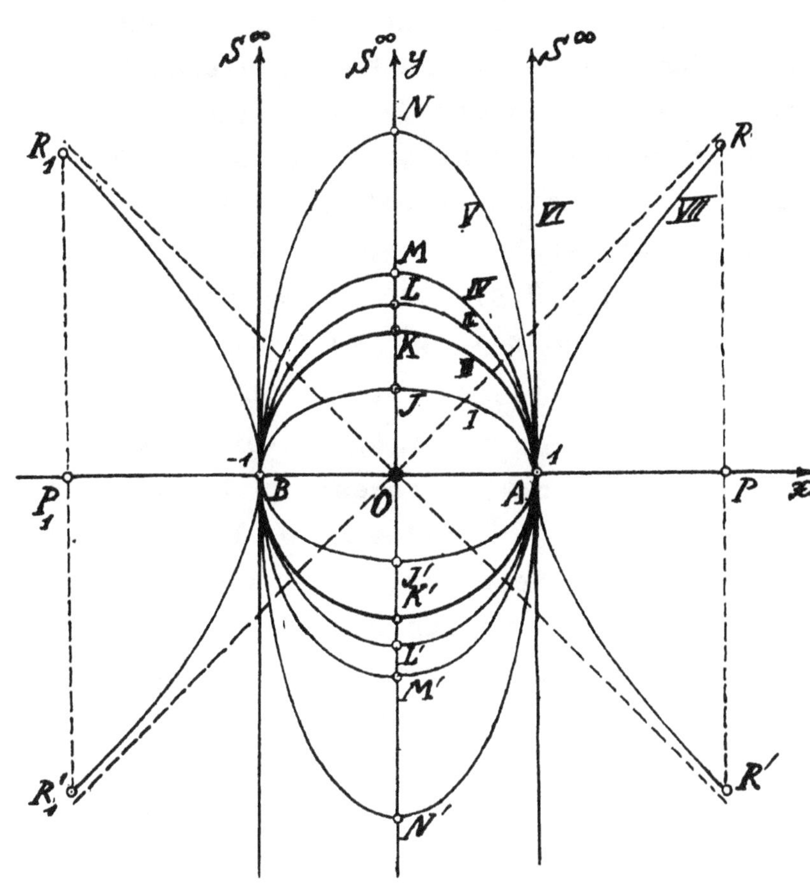

Fig. 52a.

V. Wir wollen noch folgende Bemerkungen hinzufügen: Bei der Schraubung um beliebige absolute Polaren g, g_1 als Achsen, von denen die g-Achse die absolute Fläche in zwei reellen Punkten A^{*}, B^{*} schneidet, entspricht außer diesen Punkten kein anderer reeller Punkt der absoluten Fläche sich selbst,

(Es ist auch leicht zu zeigen, daß außer den konjugiert imaginären Schnittpunkten der g_1- Achse mit der absoluten Fläche kein anderer imaginärer Punkt auf ihr sich selbst entsprechen kann). Insbesondere betrachten wir noch die Verhältnisse in der Tangentialebene des Punktes A^*, denen ja die Verhältnisse in der Tangentialebene des Punktes B^* ganz analog sind. Die g_1 - Achse ist die Schnittlinie der Tangentialebenen der Punkte A^*, B^*. Wenn der Wert α von 0 und π verschieden ist, so entspricht keine weitere reelle Gerade in der Tangentialebene des Punktes A^* sich selbst außer der g_1- Achse. Wenn aber $\alpha = 0$, $(\beta \neq 0)$, bzw. $\alpha = \pi$ ist, so entsprechen auch alle Geraden durch den Punkt A^* in seiner Tangentialebene sich selbst, sonst aber keine weitere Gerade .Da jetzt die g_1- Achse sich punktweise selbst entspricht, so entsprechen auf jeder Tangente durch den Punkt A^* zwei Punkte sich einzeln selbst, nämlich außer dem Punkte A^* noch der Schnittpunkt Q mit der g_1- Achse, aber sonst kein weiterer Punkt.(Denn wenn noch ein Punkt P auf einer solchen Tangente sich selbst entspräche,so müßte auch der Berührungspunkt der zweiten Tangente vom Punkte P an die absolute Fläche in der Ebene (P,g) sich selbst entsprechen, was ausgeschlossen ist).Durch die Punkte A^* ,Q wird die Tangente des Punktes A^* in zwei Teile zerlegt, die sich einzeln, bzw. gegenseitig entsprechen, je nachdem $\alpha = 0$. bzw. $= \pi$ ist. Nach der Definition 2 entsprechen also die Tangenten durch den Punkt A^* sich ungleichsinnig selbst.

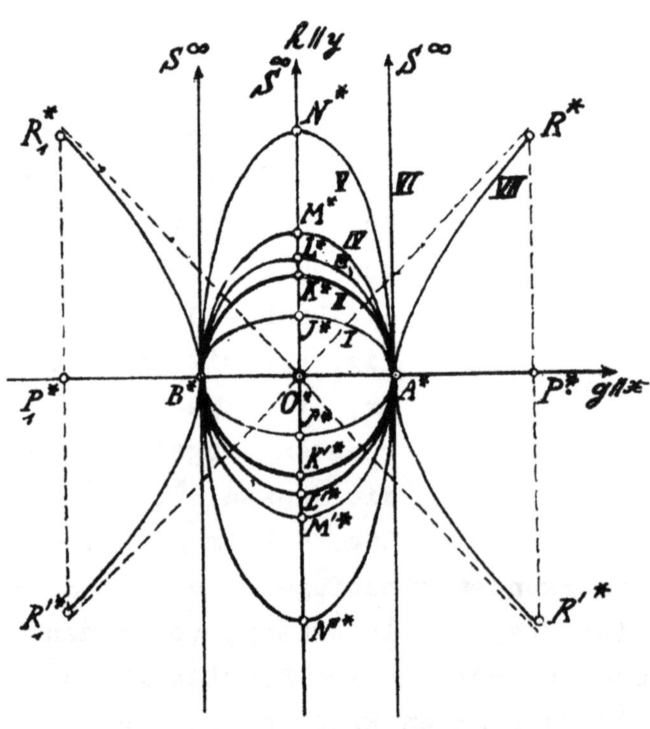

Fig. 52b.

Es gelten nun auch die Sätze:

11. Wenn auf einer sich selbst entsprechenden Tangente der absoluten Fläche entweder alle Punkte sich selbst entsprechen oder außer dem Berührungspunkt A^* kein anderer Punkt sich selbst entspricht, d.h. die Tangente sich gleichsinnig selbst entspricht,

(vgl. die Definition 2 des § 7), so ist die zugehörige gleichsinnige Bewegung stets eine Grenzdrehung mit dem Berührungspunkt A^* der Tangente als Mittelpunkt,(vgl. den Satz 50 des § 5).

12. Wenn auf einer sich selbst entsprechenden Tangente der absoluten Fläche außer dem Berührungspunkt A^* nur noch ein zweiter Punkt Q sich selbst entspricht, so ist die zugehörige gleichsinnige Bewegung die polare Drehung längs einer Achse durch den Punkt A^* (also $\alpha = 0$, $\beta \neq 0$) oder die Schraubung mit den Werten $\alpha = \pi$, β um eine Achse durch den Punkt A^*, ev. für $\beta = 0$ die Umwendung um eine Achse durch den Punkt A^*.

VI. Im Hinblick auf den Satz 9 wollen wir beispielsweise noch die Bahnkurve eines Punktes P in der Tangentialebene des Punktes A^* bei der kontinuirlichen Schraubung um eine beliebige, die absolute Fläche in den reellen Punkten A^*, B^* schneidende Achse g betrachten. Wir können jetzt, ohne unsere Betrachtungen wesentlich zu spezialisieren, den Punkt A^* der g- Achse als den Punkt A und den Punkt B^* in der (x,z)- Ebene wählen. Unsere Betrachtungen übertragen sich ja dann leicht auf jede andere Achse $A^* B^*$. Um jetzt analytisch die Gleichungen der kontinuirlichen Schraubung um die g- Achse mit den genannten Schnittpunkten A, B^* auf der absoluten Fläche aus den Gleichungen der kontinuirlichen Schraubung um die x- Achse zu gewinnen, wollen wir die Aufeinanderfolge folgender drei Teilbewegungen betrachten:

(I). Die Grenzdrehung um die Achse d_1, die durch den Punkt A geht und zur y- Achse euklidisch parallel gerichtet ist, mit dem Parameter δ_1, so daß der Punkt B^* in den Punkt B gelangt,(vgl. die Gleichungen (IV) im Abschnitt IV des § 6 und die Fig. 48).

$$\rho_I \cdot x_I = \left(1 - \frac{1}{2\delta_1^2}\right) \cdot x + \frac{1}{\delta_1} \cdot z + \frac{1}{2\delta_1^2} \cdot w,$$

$$\rho_I \cdot y_I = y,$$

$$\rho_I \cdot z_I = -\frac{1}{\delta_1} \cdot x + z + \frac{1}{\delta_1} \cdot w,$$

$$\rho_I \cdot w_I = -\frac{1}{2 \cdot \delta_1^2} \cdot x + \frac{1}{\delta_1} \cdot z + \left(1 + \frac{1}{2 \cdot \delta_1^2}\right) \cdot w.$$

(II). die Schraubung um die x- Achse mit den Parametern α, β;

($0 \leqq \alpha < 2\pi$, $-\infty < \beta < +\infty$, vgl. die Gleichungen (1a-d) des §4)

$$\varrho_{II} \cdot x_{II} = \cos h\beta \cdot x_I + \sin h\beta \cdot w_I,$$

$$\varrho_{II} \cdot y_{II} = \cos \alpha \cdot y_I - \sin \alpha \cdot z_I,$$

$$\varrho_{II} \cdot z_{II} = \sin \alpha \cdot y_I + \cos \alpha \cdot z_I,$$

$$\varrho_{II} \cdot w_{II} = \sin h\beta \cdot x_I + \cos h\beta \cdot w_I,$$

(III) <u>die umgekehrte Grenzdrehung um die Achse d_1</u>, wie soeben mit den Gleichungen

$$\varrho^* \cdot x^* = \left(1 - \frac{1}{2 \cdot \delta_1^2}\right) \cdot x_{II} - \frac{1}{\delta_1} \cdot z_{II} + \frac{1}{2\delta_1^2} \cdot w_{II},$$

$$\varrho^* \cdot y^* = y_{II},$$

$$\varrho^* \cdot z^* = \frac{1}{\delta_1} \cdot x_{II} + z_{II} - \frac{1}{\delta_1} \cdot w_{II},$$

$$\varrho^* \cdot w^* = -\frac{1}{2\delta_1^2} \cdot x_{II} - \frac{1}{\delta_1} \cdot z_{II} + \left(1 + \frac{1}{2\delta_1^2}\right) \cdot w_{II}.$$

Die Aufeianderfolge dieser Teilbewegungen ergibt <u>die Gleichungen der Schraubung um die Achse AB^*</u>

$$(1a\text{-}d)\quad \varrho^* \cdot x^* = \left[\left(1 - \frac{1}{\delta_1^2}\right) \cdot \cos h\beta + \frac{1}{\delta_1^2} \cdot \cos\alpha\right] \cdot x - \frac{1}{\delta_1} \cdot \sin\alpha \cdot y$$
$$+ \frac{1}{\delta_1} \cdot \left[(\cosh\beta + \sinh\beta) - \cos\alpha\right] z$$
$$+ \left[\sinh\beta + \frac{1}{\delta_1^2}\cosh\beta - \frac{1}{\delta_1^2} \cdot \cos\alpha\right] w,$$

$$\varrho^* \cdot y^* = \frac{1}{\delta_1} \cdot \sin\alpha \cdot x + \cos\alpha \cdot y - \sin\alpha \cdot z - \frac{1}{\delta_1} \cdot \sin\alpha \cdot w,$$

$$\varrho^* \cdot z^* = \frac{1}{\delta_1} \cdot \left[(\cosh\beta - \sinh\beta) - \cos\alpha\right] \cdot x + \sin\alpha \cdot y + \cos\alpha \cdot z$$
$$- \frac{1}{\delta_1} \cdot \left[(\cosh\beta - \sinh\beta) - \cos\alpha\right] \cdot w,$$

$$\varrho^* \cdot w^* = \left[\sinh\beta - \frac{1}{\delta_1^2} \cdot \cosh\beta + \frac{1}{\delta_1^2} \cdot \cos\alpha\right] \cdot x - \frac{1}{\delta_1} \cdot \sin\alpha \cdot y$$
$$+ \frac{1}{\delta_1} \cdot \left[(\cosh\beta + \sinh\beta) - \cos\alpha\right] \cdot z$$
$$+ \left[\left(1 + \frac{1}{\delta_1^2}\right) \cdot \cosh\beta - \frac{1}{\delta_1^2}\cos\alpha\right] \cdot w.$$

Diese Gleichungen stellen die kontinuirliche Schraubung um die Achse A B^* für gegebenen Wert δ_1 dar, wenn wir $\beta = \alpha\,\gamma$ setzen, wo γ eine Konstante bedeutet.

In der Tangentialebene x = w ergeben also diese Gleichungen die folgenden Bewegungsgleichungen, in denen wir die Koordinaten y, z, w gleich als Parallelkoordinaten zu den Koordinaten der (y,z)-Ebene ansehen können

(2a-c)
$$\rho^* . y^* = \cos\alpha . y - \sin\alpha . z,$$
$$\rho^* . z^* = \sin\alpha . y + \cos\alpha . z,$$
$$\rho^* . w^* = -\frac{1}{\delta_1} . \sin\alpha . y + \frac{1}{\delta_1} . (\cosh\beta + \sinh\beta - \cos\alpha)\, z$$
$$+ (\cosh\beta + \sinh\beta) . w,$$

wo $\cos h\beta + \sin h\beta = e^{\beta}$ ist.

Wir wollen nun die Gleichungen einer allgemeinen Bahnkurve eines Punktes P in der Tangentialebene bei einer solchen kontinuirlichen Schraubung aufstellen, z.B. für den Punkt y = 0, $z = \bar{z} > 0$, w=1. (Der Punkt A bleibt ja stets unverändert). Wir erhalten also die folgenden Gleichungen mit dem Paramter α bei jetzt unhomogenen Koordinaten y^*, z^*

(3a-b)
$$y^* = \frac{-\sin\alpha . \bar{z}}{e^{\alpha\gamma} . (1 + \frac{\bar{z}}{\delta_1}) - \frac{\cos\alpha}{\delta_1} . \bar{z}},$$

$$z^* = \frac{\cos\alpha . \bar{z}}{e^{\alpha\gamma} . (1 + \frac{\bar{z}}{\delta_1}) - \frac{\cos\alpha}{\delta_1} . \bar{z}}.$$

13. Diese Gleichungen sind also die Gleichungen der Bahnkurve eines Punktes mit der Koordinate $\bar{z}$ auf der Geraden x = 1, y = 0, der euklidischen Parallelen zur z- Achse durch den Punkt A, in seiner Tangentialebene bei der Schraubung um die Achse A B^*.

Wir wollen zunächst die speziellen Gleichungen weiter betrachten, wenn $\gamma = 0$ oder $\gamma = \infty$ ist, d.h. wenn die Schraubung eine Drehung oder polare Drehung um die Achse A B^* ist.

Im Falle $\gamma = 0$ oder $\beta = 0$ lauten die letzten Gleichungen

(3 a-b)
$$y^* = \frac{-\sin\alpha . \bar{z}}{1 + \frac{1 - \cos\alpha}{\delta_1} . \bar{z}}$$

$$z^* = \frac{\cos\alpha \cdot \bar z}{1 + \frac{1-\cos\alpha}{\delta_1}\,\bar z}$$ mit dem Paramter α.

Aus diesen Gleichungen ergibt sich die Gleichung

(4) $$y^{*2} + z^{*2} = \frac{\bar z^2}{\left(1 + \frac{1-\cos\alpha}{\delta_1}\cdot \bar z\right)^2}$$

oder, da nach der Gleichung (3' b)

$$\cos\alpha = \frac{\left(1 + \frac{\bar z}{\delta_1}\right)\cdot z^*}{\left(1 + \frac{z^*}{\delta_1}\right)\bar z_1},$$

$$1 - \cos\alpha = \frac{\bar z - z^*}{\left(1 + \frac{z^*}{\delta_1}\right)\cdot \bar z}$$ ist,

(4') $$y^{*2} + z^{*2} = \frac{\bar z^2 \cdot \left(1 + \frac{z^*}{\delta_1}\right)^2}{\left(1 + \frac{\bar z}{\delta_1}\right)^2}$$

14a.) Im speziellen Falle $\beta = 0$, also bei der Drehung um die Achse A B^*, ist demnach die Bahnkurve eines allgemeinen Punktes $(1, 0, \bar z)$ der durch die Gleichung (4') dargestellte Kegelschnitt. Der besondere Punkt mit den Koordinaten $(1, 0, -\delta_1)$ beschreibt die Gerade $x = 1$, $z^* = \bar z = -\delta_1$.

Im Falle $\gamma = \infty$ oder $\alpha = 0$ ergeben die unhomgenen Gleichungen (2a–c) für $y = 0$, $z = \bar z$

$$y^* = 0,$$
$$z^* = \frac{\bar z}{\left(1 + \frac{\bar z}{\delta_1}\right) - \frac{\bar z}{\delta_1}}$$

14b . Im speziellen Falle $\alpha = 0$, also bei der polaren Drehung um die Achse A B^* mit den Ungleichungen $-\infty < \beta < +\infty$, ist also die Bahnkurve eines allgemeinen Punktes P der eine oder der andere Teil A Q der Geraden $x = 1$, $y = 0$, (ohne die Endpunkte A, Q) wo der Punkt Q die Koordinaten $(1, 0, -\delta_1)$ besitzt, (vgl. die Fig. 48 für $Q_{III} = Q$). Der besondere Punkt P mit den Koordinaten $(1, 0, -\delta_1)$ bleibt bei der Bewegung unverändert.

Für den Wert $\beta = 0$ ist ja $z^* = \bar z$. -

Wir wollen nun auch für einen gegebenen allgemeinen Punkt der Geraden $x = 1$, $y = 0$ mit der Koordinate $\bar{z}$ <u>die Bahnkurve bei einer gegebenen Schraubung um die gegebene Achse $A\,B^*$</u> konstruieren.

Es sei z.B. $\delta_1 = -10$ und $\gamma = 0{,}3$ gewählt, wodurch die Achse $A\,B^*$ und die Schraubung um sie festgelegt ist, (vgl. die Fig. 48 für $E_{-1,III} = B^*$) (Der Punkt auf der z - Achse mit der Koordinate $\bar{z} = 10$ beschreibt natürlich die Gerade $\bar{z} = 10$ in der Ebene $x=1$) Die Koordinate $\bar{z}$ möge den Wert

$$\bar{z} = \frac{\frac{3}{2}}{1 + 1/10 \cdot \frac{3}{2}} = 1{,}30 \ldots \text{ besitzen.}$$

Durch die Grenzdrehung (III) geht der Punkt $(1, 0, z_0 = \frac{3}{2})$ dann in den Punkt $(1, 0, \bar{z})$ über. Für diesen Punkt $P\,(1, 0, z_0)$ ist die Bahnkurve bei der Schraubung <u>um die x- Achse</u> mit dem Wert $\gamma = 0{,}3$ eine logarithmische Spirale, (vgl. den Satz 17 im Abschnitt VIII des § 4 mit der Fig. 20) in der Fig. 53a konstruiert. (Diese Figur der logarithmischen Spirale ist in starker Verkleinerung mit der Fig. 20 identisch; die Verkleinerung wird durch den Einheitspunkt $y=1$ auf der y - Achse angegeben). Es gilt nun gemäß den Teilbewegungen (I), (II), (III) der Satz:

15. <u>Die Bahnkurve des Punktes $\bar{z}$ bei der gegebenen Schraubung um die Achse AB^* geht aus der logarithmischen Spirale der Fig. 53a einfach durch die Grenzdrehung der Teilbewegung (III), also durch diese bestimmte projektive Transformation hervor.</u>

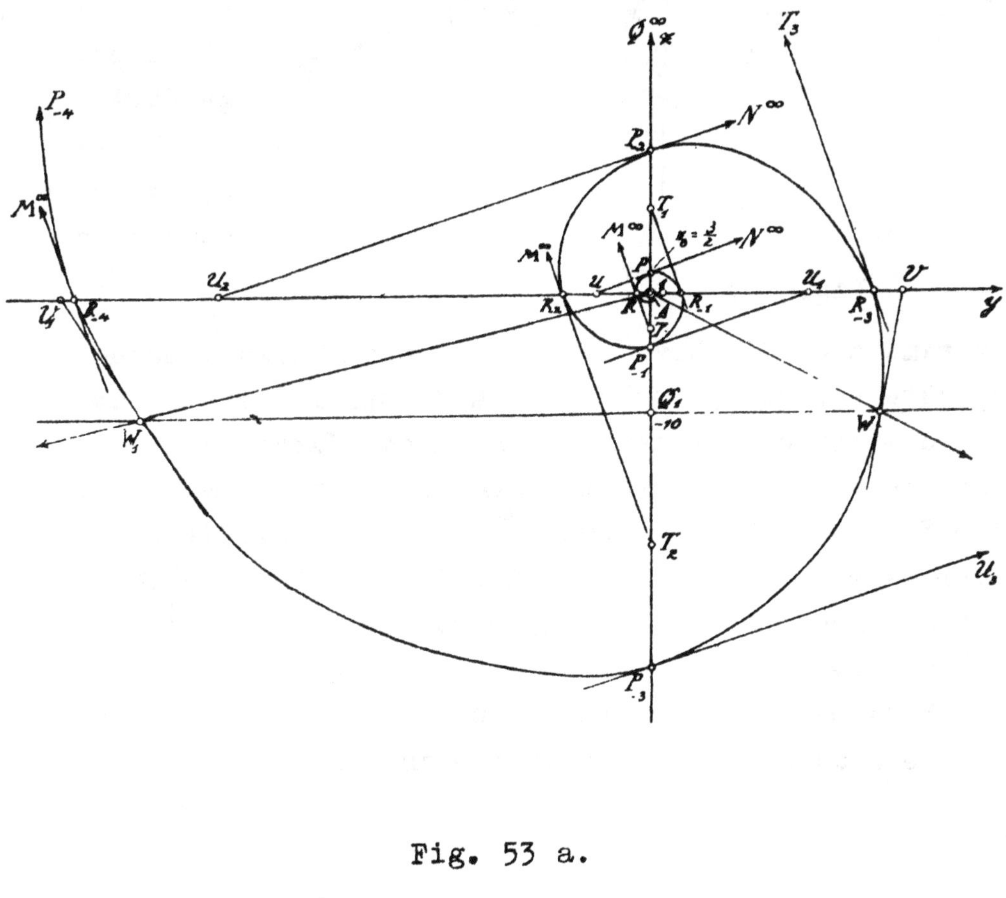

Fig. 53 a.

Auf Grund dieses Satzes ist dann aus der Fig. 53a die gesuchte Bahnkurve der Fig. 53b konstruiert, wo die entsprechenden ein=zelnen Punkte beider Figuren gleichbezeichnet sind. Hierzu sei noch bemerkt: Die Punkte auf der y- Achse beider Figuren sind identisch.Die Punkte auf der z- Achse der Fig. 53a gehen in die Punkte der z- Achse der Fig.53b über und zwar durch die so be=stimmte projektive Verwandtschaft, daß der Punkt A sich selbst entspricht und die Punkte Q^{∞} und Q_{-1} mit den Koordinaten $z = \infty$ und $z = -10$ der Fig. 53a bzw. in die Punkte Q und Q_1^{∞} mit den Ko=ordinaten $z = 10$ und $z = \infty$ der Fig. 53b übergehen. Dementsprechend sind in der Hilfs=figur 53* die Punkte der z-Ach=se der Fig. 53a in die Punkte der z- Ach=se der Fig 53b über=geführt mit Hilfe des Projek=tionszen=trums K.

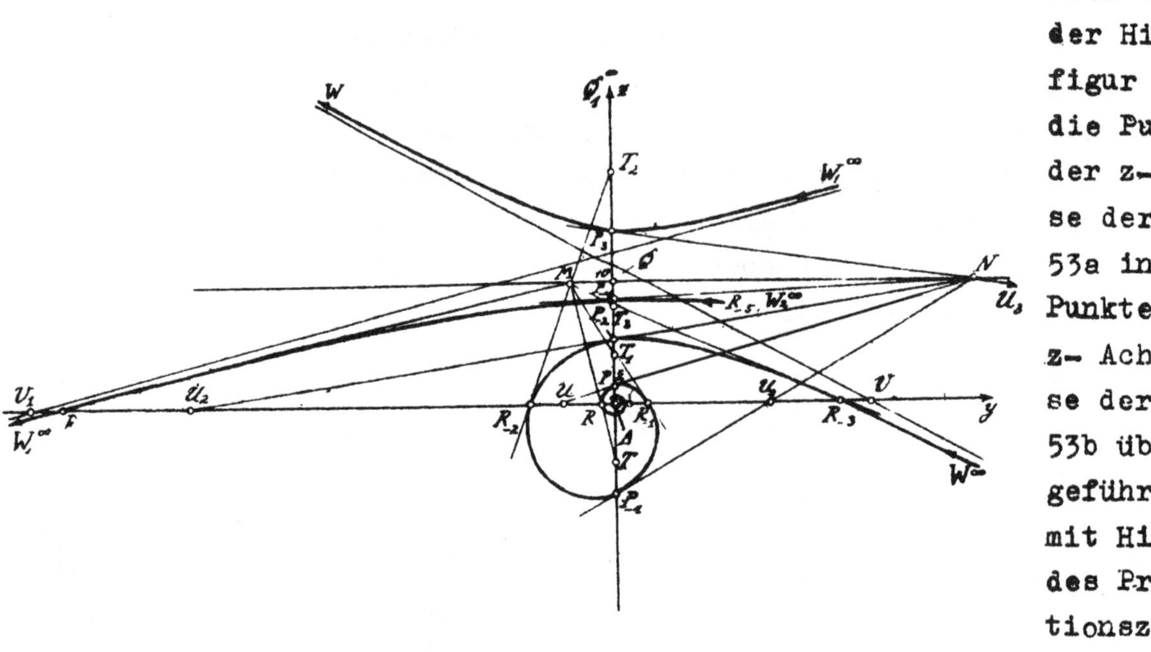

Fig. 53b.

In der Fig. 53a sind auch die bzw. euklidisch parallelen Tangen=ten der Kurvenpunkte auf der y- Achse und auf der z- Achse hin=zugefügt, die in die entsprechenden Tangenten der Kurvenpunkte in der Fig. 53b übergehen, mit den gemeinsamen Schnittpunkt M,bzw.N, entsprechend dem Schnittpunkt M^{∞}, bzw. N^{∞} der Fig. 53a. Die Kur=venpunkte auf der Geraden $z = -10$ der Fig. 53a ergeben die eu=klidisch unendlichfernen Punkte der Fig. 53b, ebenfalls beidemal mitsammt ihren Tangenten. Es hat auch z.B. die Tangente des Punk=tes W mit dem sich selbst entsprechenden Punkte V auf der y- Achse in der Fig. 53b die Richtung der Geraden A W in der Fig. 53a.

Über den gesammten Kurvenverlauf der Fig. 53b wollen wir nur noch euklidisch bemerken: Die bei positivem Drehwinkel $\alpha = \pi$, 2π ... aus dem Punkte P hervorgehenden P_1, P_2... der z- Achse nähern sich asymptotisch dem Punkte A. Die bei negativem Drehungswinkel $\alpha = -2\pi, -4\pi, \ldots$ aus dem Punkte P hervorgehenden Punkte P_{-2}, P_{-4}, ... nähern sich asymptotisch dem Punkte Q der Geraden $z = 10 = -\delta_1$. Der bei negativem Drehungswinkel $\alpha = -\pi$ aus dem Punkt P hervorgehende Punkt P_{-1} liegt auf der negativen Hälfte der z- Achse; die bei negativem Drehungswinkel $\alpha = -3\pi, -5\pi$, ... hervorgehenden Punkte P_{-3}, P_{-5}, ... nähern sich in negativer Richtung der z-Achse beständig dem Punkte Q der Geraden $z = 10 = -\delta_1$. Auch sind hier leicht die euklidisch unendlichfernen Punkte $W^{\infty}, W_1^{\infty}, W_2^{\infty}$... einzuordnen.

Die Überführung der ganzen Fig. 53a in die Fig. 53b geschieht natürlich durch eine bestimmte projektive Transformation; diese ist dadurch festgelegt, daß die Punkte R, R_{-1}, P, P_{-1} in beiden Figuren sich entsprechen. Wir können die Figuren 53a,b so mit der Hilfsfigur 53* vereinigt denken, daß die z-Achsen der ersteren mit der z- Achse in der letzteren entsprechend zur Deckung gebracht werden und überdies die Ebenen der Figuren 53a,bzw zur Ebene der Fig.53* senkrecht stehen. Dann geht die Fig. 53a in die Fig. 53b durch eine Perspektivität über mit dem Punkt K als Zentrum.

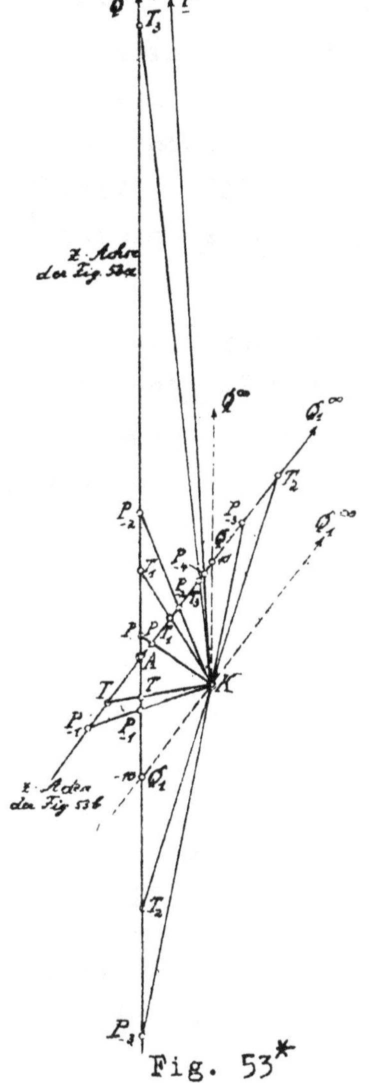

Fig. 53*

§. 8.

Die Bewegungen in der sich selbst entsprechenden Ebene x = 1.

I. Wir können zunächst einmal <u>alle ∞^3 Bewegungen</u> betrachten, welche <u>eine die absolute Fläche reell schneidende Ebene unverändert</u> lassen.

In einer solchen Ebene gilt <u>die hyperbolische Geometrie</u>, welche die Schnittkurve der absoluten Fläche mit der Ebene als absolute Kurve besitzt. Ist die Ebene z.B. durch die Gleichung $x=a<1$ gegeben, so ist die Schnittkurve durch die Gleichungen x=a

$y^2 - z^2 = 1 - a^2 > 0$ bestimmt. Bei den hier in Frage kommenden Bewegungen bleibt also auch der absolute Pol $x = \frac{1}{a} > 1$, $y = z = 0$ unverändert. Die hyperbolische Geometrie in der Ebene ist analog der hyperbolischen Geometrie in dem Strahlenbündel mit dem absoluten Pol als Träger. -

Ebenso können wir alle ∞^3 Bewegungen betrachten, welche eine die absolute Fläche nicht reell treffende Ebene unverändert lassen. Wir werden dann an Stelle der Definition 2 des § 1 für die Länge einer Strecke die Definition $P Q = \frac{i}{2} \cdot \log (U V P Q)$ gelten lassen können. Dann gilt in der Ebene die elliptische Geometrie, welche die Schnittkurve der absoluten Fläche mit der Ebene als absolute Kurve besitzt. Die Länge einer Geraden ist dementsprechend gleich π. Ist die Ebene z.B. durch die Gleichung $x = a > 1$ gegeben, so ist die Schnittkurve durch die Gleichungen $x = a$, $y^2 + z^2 = 1 - a^2 < 0$ bestimmt. Bei den hier in Frage kommenden Bewegungen bleibt wieder der absolute Pol $x = \frac{1}{a} < 1$, $y = z = 0$ unverändert. Es gilt sonst das Analoge wie soeben. - Wegen der Bewegungen dieser ebenen Geometrieen sei auch auf mein Buch: Projektive und nichteuklidische Geometrie, Bd. II, Leipzig, 1931, dritter Abschnitt (§ 15 - § 18) verwiesen, insbesondere auf die Figuren der Bahnkurven: Fig. 116, S.136 für die elliptische Geometrie, Fig. 117, S.140, Fig. 118, S.142, Fig. 120, S.144 mit dem Mittelpunkt der Kreise im Inneren, Äußeren oder auf dem absoluten Kegelschnitt für die hyperbolische Geometrie.

II. Nun wollen wir auch noch kurz als Fortsetzung des § 4, Abschnitt VIII die Geometrie der Bewegungen in einer Tangentialebene der absoluten Fläche, etwa der Ebene $x = 1$, betrachten, wie sie uns durch unsere hyperbolische Geometrie des Raumes geliefert wird. Bei jeder gleichsinnigen, bzw. ungleichsinnigen Bewegung des Raumes, welche die Ebene $x = 1$, also auch ihren absoluten Pol oder den Berührungspunkt A (1,0,0) unverändert läßt, gehen die Erzeugenden der absoluten Fläche für den Punkt A, d.h. euklidisch die Minimalgeraden durch den Punkt A in der Tangentialebene, einzeln in sich, bzw. gegenseitig in einander über, (vgl. den Abschnitt I des § 4 und den Satz 8a des Abschnittes I des § 5). Bei der Spiegelung an der (x,z)-Ebene mit den Gleichungen $\rho^* \cdot x^* = x$, $\rho^* y^* = -y$, $\rho^* \cdot z^* = z$, $\rho^* \cdot w^* = w$ z.B. vertauschen sich die beiden Minimalgeraden in der Ebene $x = 1$. Wir beschränken uns im Folgenden auf die gleichsinnigen Bewegungen, welche die Tangentialebene $x = 1$ in sich überführen. Wir können jetzt leicht den Satz nachweisen:

1. Zu jeder reellen projektiven Transformation der Ebene $x = 1$ in sich, welche die beiden Minimalgeraden des Punktes A in dieser Ebene einzeln in sich überführt, gehört stets und nur eine gleichsinnige Bewegung unserer hyperbolischen Geometrie.

Jede solche reelle Transformation ist ja bestimmt, wenn in der Ebene $x = 1$ zu vier allgemeinen Punkten die vier entsprechenden Punkte gegeben sind. Außer dem sich selbst entsprechenden Punkt A sei dann ein beliebiges sich entsprechendes Punktepaar auf der einen Minimalgeraden und damit, da die Minimalgeraden ja zu einander konjugiert komplex sind, zugleich das konjugiert imaginäre sich entsprechende Punktepaar auf der anderen Minimalgeraden gegeben. Hierdurch ist bereits festgelegt, daß jede Minimalgerade in der Ebene $x = 1$ sich selbst entspricht. Es sind dann auch die reellen Verbindungslinien p, p^* der beiden Paare konjugiert imaginärer Punkte sich entsprechende Gerade mit den vom Punkte A verschiedenen Berührungspunkten P, P^* der Tangentialebenen der Geraden an die absolute Fläche. (Ev. können auch die Geraden p, p^* identisch sein). Dann sei noch ein beliebiges weiteres reelles Punktepaar Q, Q^* in der Ebene $x = 1$ gegeben. Es kann übrigens auch der Punkt Q mit dem Punkte Q^* zusammenfallen. Wir betrachten jetzt allgemein die Aufeinanderfolge folgender zwei Teilbewegungen: erstens die Schraubung um die x- Achse, welche den Punkt P in den Punkt P^* und damit die Gerade p in die Gerade p^* überführt und den Punkt Q in den Punkt Q_I, zweitens die Schraubung um die Achse $A\,P^*$, die den Punkt Q_I in den Punkt Q^* überführt. Die Aufeinanderfolge dieser beiden Teilbewegungen, wieder eine unserer Bewegungen, ist dann die gesuchte Bewegung des Satzes 1. Wir sehen auch leicht:

Es gibt stets nur eine räumliche Bewegung, welche zu der gegebenen Bewegung in der Ebene $x=1$ gehört. Denn für je zwei beliebige entsprechende Geraden der Ebene $x = 1$ müssen auch die vom Punkte A verschiedenen Berührungspunkte der Tangentialebenen durch die Geraden an die absolute Fläche sich entsprechen. Zu den Bewegungen in der Ebene $x = 1$ gehört auch z.B. jede Ähnlichkeitstransformation mit dem Zentrum A. Dann ist die zugehörige Bewegung des Raumes einfach eine polare Drehung längs der x- Achse.

Wir haben also in der Ebene $x = 1$ eine eigenartige Geometrie, die wir die Minimalgeradengeometrie nennen wollen.

2. Es gibt ja insgesamt ∞^4 solche gleichsinnigen Bewegungen in der Ebene $x = 1$, die für sich eine Gruppe bilden.

Wir können auch leicht die Gleichungen für eine beliebige gleichsinnige Bewegung in der Ebene x = 1 wie folgt direkt aufstellen:
Wir wollen jetzt in der Ebene x = 1 die (y,z)- Achsen durch den Punkt A parallel zu den (y,z)- Achsen des Raumes gewählt annehmen. Der Bedingung gemäß, daß durch die gleichsinnige Bewegung jeder Punkt der einen oder der andern Minimalgeraden der Ebene x = 1 wieder in einen Punkt derselben Minimalgeraden übergehen soll, ergeben sich die Bewegungsgleichungen in der Ebene x = 1 als die projektiven Transformationen

(1a-c) $\varrho^* \cdot y^* = b_2 y + b_3 z,$
$\varrho^* \cdot z^* = b_3 y + b_2 z,$
$\varrho^* \cdot w^* = d_2 y + d_3 z + d_4 w$

mit den fünf Parametern, deren Verhältnis nur wesentlich ist. Die Determinate dieser Gleichungen ist $\triangle = (b^2_2 + b^2_3) \cdot d_4$; es ist also $b_2^2 + b_3^2 \neq 0$ und $d_4 \neq 0$.
Es mögen jetzt noch alle Koeffizienten der Gleichungen (1a-c) durch die Größe $\sqrt{b_2^2 + b_3^2}$ dividiert und die neuen Koeffizienten wieder mit b_2, b_3, d_2, d_3, d_4, bezeichnet sein. Wenn z.B. der Punkt Q oder y = o,z $c > o$ sich selbst entspricht, so ist $b_3 = 0$ und $b_2 = d_3 c + d_4$ zu setzen, so dass jetzt die Gleichungen (1a - c) lauten

$$\varrho^* \cdot y^* = (d_3 c + d_4) \cdot y,$$
$$\varrho^* \cdot z^* = (d_3 c + d_4) \cdot z,$$
$$\varrho^* \cdot w^* = d_2 y + d_3 z + d_4 \cdot w.$$

Es ist dann also

$\frac{y^*}{z^*} = \frac{y}{z}$, d.h. jeder Anfangspunkt und sein Endpunkt liegen auf einer Geraden durch den Koordinatenanfangspunkt A. Sind dann noch die sich entsprechenden Geraden p, p^* gegeben, so entspricht sich auch ihr Schnittpunkt R und damit jeder Punkt der Geraden QR selbst. Die Bewegung in der Ebene x = 1 ist durch eine bestimmte polare Drehung des Raumes um die Gerade Q R gegeben, wenn noch die einander als Anfang und Endpunkt entsprechenden Punkte S, S^* auf einer Geraden durch den Punkt A gegeben sind. Geht insbesondere die sich punktweise selbst entsprechende Gerade Q R durch den Punkt A, so ist die Bewegung in der Ebene x = 1 durch die bestimmte Grenzdrehung des Raumes um die Gerade Q R gegeben, welche den Punkt S in den Punkt S^* überführt. Wir wollen jetzt einmal die einfachen einzelnen Bewegungen mit unveränderlichem Punkt A, die wir betrachtet haben, zu diesen Gleichungen (1a - c) in Beziehung setzen:

<u>Die Schraubung um die x- Achse</u> mit den Gleichungen (1a-d) des § 4, in denen speziell $\alpha = 0$ sein kann, führen zu den speziellen Gleichungen

(1a-c) $\varrho^*.\ y^* = \cos\alpha\ .\ y - \sin\alpha\ .\ z\ ,$

$\varrho^*.\ z^* = \sin\alpha\ .\ y + \cos\alpha\ .\ z\ ,$

$\varrho^*.\ w^* = (\cos h\beta + \sin h\beta)\ .\ w.$

Hier ist also $b_2 = \cos\alpha$, $b_3 = -\sin\alpha$, $d_2 = d_3 = 0$ und $d_4 = \cos h\beta +$ sind $h\beta$. Jetzt ist also die euklidisch unendlich ferne Gerade der Ebene $x = 1$ eine sich selbst entsprechende Gerade, die sich auch punktweise selbst entspricht, wenn $\alpha = 0$ ist. Bei der zugehörigen Bewegung des Raumes entspricht also auch der Punkt A_1 (- 1, 0, 0) sich selbst und ebenso die Ebene $x = -1$, (vgl. den Abschnitt VIII des § 4).

<u>Die allgemeine Grenzdrehung mit dem Mittelpunkt A</u> mit den Gleichungen (12a-d) im Abschnitt VI des § 5 führt zu den speziellen Gleichungen

(1 " a-c) $\varrho^*.\ y^* = y\ ,$

$\varrho^*.\ z^* = z\ ,$

$\varrho^*.\ w^* = -\frac{1}{\gamma}\ y + \frac{1}{\gamma_1}\ z + w\ .$

Hier ist also $b_2 = 1$, $b_3 = 0$, $d_2 = -\frac{1}{\gamma}$, $d_3 = \frac{1}{\gamma_1}$, $d_4 = 1$.

Für <u>die Schraubung um die spezielle Achse A B*</u> mit den Gleichungen (1a-d) im Abschnitt V des § 7 ist $b_2 = \cos\alpha$, $b_3 = -\sin\alpha$, $d_2 = -\frac{1}{\gamma_1}\ .\ \sin\alpha$, $d_3 = \frac{1}{\gamma_1}\ .\ (e^{\beta} - \cos\alpha)$, $d_4 = e^{\beta}$.

<u>Die allgemeinen Gleichungen einer Bewegung mit dem festen</u> Punkt A überhaupt, ergeben sich auch aus den Gleichungen (1)-(16) des Abschnittes IV des § 6 für die Werte $\mu = \nu = 0$. Es sind dies also die Gleichungen (1a-d) des § 2 mit den Koeffizienten

(2)
$$a_1 = \cos h\beta\ .\ \left(1 - \frac{1}{2\gamma^2} - \frac{1}{2\gamma_1^2}\right) - \sin h\beta \left(\frac{1}{2\gamma^2} + \frac{1}{2\gamma_1^2}\right),$$

$$a_2 = \cos\alpha\ .\ \frac{1}{\gamma} + \sin\alpha\ .\ \frac{1}{\gamma_1}$$

$$a_3 = \sin\alpha\ .\ \frac{1}{\gamma} - \cos\alpha\ .\ \frac{1}{\gamma_1}\ ,$$

$$a_4 = -\sin h\beta\ .\ \left(1 - \frac{1}{2\gamma^2} - \frac{1}{2\gamma_1^2}\right) + \cos h\beta\ .\left(\frac{1}{2\gamma^2} + \frac{1}{2\gamma_1^2}\right)$$

$$b_1 = -(\cos h\beta + \sin h\beta)\ .\ \frac{1}{\gamma}$$

$$b_2 = \cos\alpha\ ,$$

$$b_3 = \sin\alpha\ ,$$

$$b_4 = (\cos h\beta + \sin h\beta)\ .\ \frac{1}{\gamma}$$

$$c_1 = (\cos h\beta + \sin h\beta)\cdot\frac{1}{\sigma_1},$$
$$c_2 = -\sin\alpha,$$
$$c_3 = \cos\alpha,$$
$$c_4 = -(\cos h\beta + \sin h\beta)\cdot\frac{1}{\sigma_1},$$
$$d_1 = -\sin h\beta\cdot\left(1 + \frac{1}{2\sigma^2} + \frac{1}{2\sigma_1^2}\right) - \cos h\beta\cdot\left(\frac{1}{2\sigma^2} + \frac{1}{2\sigma_1^2}\right)$$
$$d_2 = \cos\alpha\cdot\frac{1}{\sigma} + \sin\alpha\cdot\frac{1}{\sigma_1},$$
$$d_3 = \sin\alpha\cdot\frac{1}{\sigma} - \cos\alpha\cdot\frac{1}{\sigma_1},$$
$$d_4 = \sin h\beta\cdot\left(\frac{1}{2\sigma^2} + \frac{1}{2\sigma_1^2}\right) + \cos h\beta\cdot\left(1 + \frac{1}{2\sigma^2} + \frac{1}{2\sigma_1^2}\right)$$

Aus ihnen ergeben sich <u>für die Bewegungen in der Ebene $x = w$</u> die speziellen Gleichungen

(1''' a-c)
$$\rho^*\cdot y^* = \cos\alpha\cdot y + \sin\alpha\cdot z,$$
$$\rho^*\cdot z^* = -\sin\alpha\cdot y + \cos\alpha\cdot z,$$
$$\rho^*\cdot w^* = \left(\cos\alpha\cdot\frac{1}{\sigma} + \sin\alpha\cdot\frac{1}{\sigma_1}\right)\cdot y$$
$$+ \left(\sin\alpha\cdot\frac{1}{\sigma} - \cos\alpha\cdot\frac{1}{\sigma_1}\right)\cdot z + (\cos h\beta - \sin h\beta)\cdot w.$$

Es ist jetzt also

(3a-b)
$$b_2 = \cos\alpha,$$
$$b_3 = \sin\alpha,$$

(4 a, b)
$$d_2 = \cos\alpha\cdot\frac{1}{\sigma} + \sin\alpha\cdot\frac{1}{\sigma_1},$$
$$d_3 = \sin\alpha\cdot\frac{1}{\sigma} - \cos\alpha\cdot\frac{1}{\sigma_1},$$

(5)
$$d_4 = (\cos h\beta - \sin h\beta) = e^{-\beta},$$

Da wir die Vorzeichen aller Koeffizienten der Gleichungen(1a -c) auch umkehren können, seien dieselben jetzt so gewählt, dass der Koeffizient $d_4 > 0$ ist.

Wenn jetzt demgemäss die Koeffizienten b_2, b_3 (mit der Gleichung $b_2^2 + b_3^2 = 1$), d_2, d_3, d_4 gegeben sind, so bestimmen also eindeutig di Gleichungen (3a, b) den Winkel α ($0 \leq \alpha < 2\pi$), die Gleichungen (4a, b) die Größen

$$\frac{1}{\sigma} = \cos\alpha \quad d_2 + \sin\alpha \,.\, d_3 \,,$$
$$\frac{1}{\sigma_1} = \sin\alpha \quad d_2 - \cos\alpha \,.\, d_3$$

und die Gleichung (5) die Größe β, wo ja der Wert $\beta = \infty$ oder $d_4 = 0$ ausgeschlossen ist. (Es ist z.B. $\beta=0$, wenn $d_4 = 1$ ist). Für jede Zusammenstellung der Werte b_2, b_3, d_2, d_3, d_4 ergibt sich also in Übereinstimmung mit dem Satze 1 eine zugehörige bestimmte gleichsinnige Bewegung des (x, y, z) - Raumes, die dann eben durch die Gleichungen (2) festgelegt ist. *)

*) Es sei noch vermerkt: Für die Bewegungen in der Ebene x=w gilt natürlich nicht das Eindeutigkeitsaxiom der Bewegungen, (vgl. deswegen mein Buch: Projektive und nichteuklidische Geometrie,Bd.II,Leipzig 1931,S.3),wie ja auch nicht für die Außengeometrie in einer die absolute Fläche der hyperbolischen Geometrie schneidende Ebene. Eine beliebige Gerade g der Ebene x=w kann z.B. nicht in eine Gerade durch den Punkt A übergehen. Auch gibt es beliebig viele Bewegungen in der Ebene x=w, welche eine Gerade g durch den Punkt A und einen Punkt P auf ihr in sich überführen.

III. Es gilt jetzt weiter im Raum für die ∞^3 allgemeinen Drehungen um je eine Achse durch den Punkt A, nämlich für die ∞^3 Drehungen um eine beliebige Achse A B* und für die ∞^2 Grenzdrehungen um eine Achse durch den Punkt A in der Tangentialebene x = w, (vgl. die Gleichungen (2) mit dem Wert $\beta = 0$ für diese Drehungen) :

3. Die Aufeinanderfolge zweier solcher Drehungen ist stets wieder eine Drehung um eine Achse durch den Punkt A.

Denn durch jede der genannten Drehungen um eine beliebige Achse durch den Punkt A geht jede Grenzkugel mit dem Mittelpunkt A in sich über. Und jeder Bewegung, welche jede Grenzkugel mit dem Mittelpunkt A in sich überführt, wie dies dann auch bei der Aufeinanderfolge zweier der in Frage kommenden Drehungen der Fall ist, ist eine Drehung um eine Achse, durch den Punkt A, (vgl. z.B. die speziellen Sätze 34 a,b im Abschnitt VI und 46 - 48 im Abschnitt XI des § 5).

4. Die ∞^3 Drehungen um je eine Achse durch den Punkt A bilden aber eine Untergruppe der Gruppe aller ∞^6 Bewegungen des Raumes und die zu diesen ∞^3 Drehungen des Raumes gehörenden Bewegungen in der Ebene x = w eine Untergruppe der Gruppe aller ∞^4 Bewegungen in der Tangentialebene x = w.

§. 9.

Neue Ableitung der Bewegungsgleichungen im allgemeinen Falle im Hinblick auf die sich gleichsinnig entsprechenden Geraden .

I. Wir knüpfen an die Sätze 3, sowie 7 , 8 und 8a des § 7 an. Ihnen gemäß behandeln wir jetzt näher den allgemeinen Fall, daß die eine bei der gegebenen Bewegung sich gleichsinnig entsprechende Gerade g die absolute Fläche in zwei reellen Punkten schneidet. Die andere, sich selbst gleichsinnig entsprechende Gerade g_1 ist die absolute Polare zur Geraden g und schneidet die absolute Fläche nicht reell. Für unsere weiteren Betrachtungen sind die Ausführungen im § 13, S. 86 ff des Ell. Werkes unser Vorbild. An der Spitze unserer weiteren Betrachtungen steht also der *Satz* :

1. Es gibt jetzt nur die eine die absolute Fläche schneidende Gerade g und ihre absolute Polare g_1, die sich selbst gleichsinnig entsprechen, also sonst keine andere sich selbst gleichsinnig entsprechende Gerade.

Wir behandeln jetzt zunächst weiter den Fall, daß die Gerade g nicht durch den Koordinatenanfangspunkt O geht. Wir fällen die euklidische und nichteuklidische Senkrechte h vom Punkte O auf die Gerade g mit dem Fußpunkt P. Der Punkt Q sei ein beliebiger anderer Punkt der Geraden g, (Fig. 54a) mit den Grundrißpunkten P' und Q'). Es gilt für die innerhalb der absoluten Fläche liegende Strecke O P euklidisch $0 < OP < 1$ oder nichteuklidisch $0 < OP < \infty$. Entsprechend sei die Richtung $\overrightarrow{OP}$ die positive Richtung der Geraden h. Ferner sei jetzt ψ der euklidische und nichteuklidische Winkel zwischen den (x,h)-Achsen mit den Ungleichungen

(1) $\quad 0 \leqq \psi \leqq \pi$.

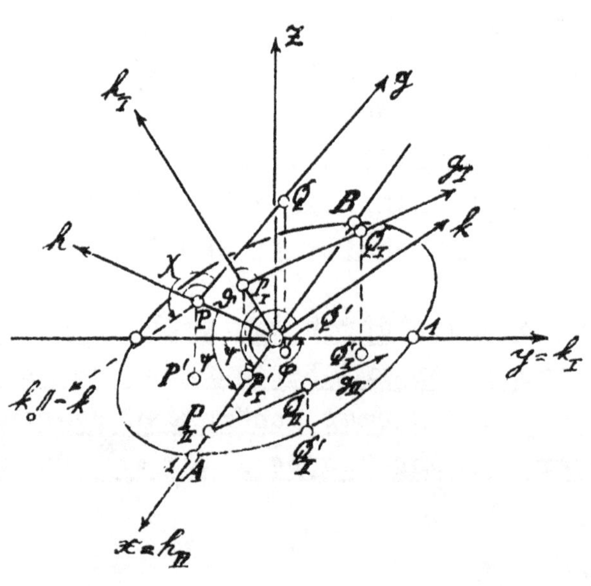

Fig. 54a.

Für einen Augenblick seien die Werte $\psi = 0$ und $\psi = \pi$ noch ausgenommen. Wir errichten weiter auf der (x,h)- Ebene im Punkt O die Senkrechte k, die also in der (y,z)- Ebene liegt, und wählen die positive Richtung der Geraden k so, daß ihr entgegengesehen die h- Achse durch die positive Drehung durch den Winkel ψ in die x- Achse übergeht. (Die positive Drehung erfolgt hier wieder, wie stets, im entgegengesetzten Sinne des Uhrzeigers).
Es sei weiter φ der euklidische und nichteuklidische Winkel, sodaß der x- Achse entgegengesehen die k- Achse in die y- Achse übergeht, mit den Ungleichungen

(2) $\quad 0 \leqq \varphi < 2\pi.$

In dem Falle $\psi = 0$, bzw. $\psi = \pi$ fällt die h- Achse mit der x- Achse zusammen, bzw. ist ihr entgegengesetzt. Wir wollen dann bevorzugen, daß die k- Achse mit der y- Achse zusammenfällt, sodaß dann
(2') $\varphi = 0$ ist, (vgl. auch für das Folgende das Ell. Werk, S.88 ff, insbesondere den Abschnitt III, S.92).
Wir führen jetzt nacheinander fünf Teilbewegungen aus:
(I). Die euklidische und nichteuklidische Drehung um die x-Achse durch den Winkel φ mit den Gleichungen

$$\begin{aligned}
\rho_I \cdot x_I &= x, \\
\rho_I \cdot y_I &= \cos\varphi \cdot y - \sin\varphi \cdot z, \\
\rho_I \cdot z_I &= \sin\varphi \cdot y + \cos\varphi \cdot z, \\
\rho_I \cdot w_I &= w.
\end{aligned}$$

Hierdurch geht die k- Achse in die y- Achse, die Gerade g und die h- Achse in die Gerade g_I und die h_I- Achse über, sowie der Punkt P in den Punkt P_I, wobei die h_I - Achse in der (x,y)- Ebene, also der Punkt P_I' in der x- Achse liegt. (Fig.54a).
(II). Die euklidische und nichteuklidische Drehung um die y-Achse durch den Winkel ψ mit den Gleichungen

$$\begin{aligned}
\rho_{II} \cdot x_{II} &= \cos\psi \cdot x_I + \sin\psi \cdot z_I, \\
\rho_{II} \cdot y_{II} &= y_I, \\
\rho_{II} \cdot z_{II} &= -\sin\psi \cdot x_I + \cos\psi \cdot z_I, \\
\rho_{II} \cdot w_{II} &= w_I.
\end{aligned}$$

Hierdurch gelangt die h_I- Achse mit dem Punkt P_I in die x- Achse mit dem Punkte P_{II} auf der postiven Hälfte der x- Achse und die Gerade g_I in die zur x- Achse senkrechte Gerade g_{II} durch den Punkt P_{II}, (Fig. 54 b).

(III). Die euklidische und nichteuklidische Drehung um die x- Achse durch den euklidischen oder nichteuklidischen Winkel χ mit den Gleichungen

$$\varrho_{III} \cdot x_{III} = x_{II} ,$$
$$\varrho_{III} \cdot y_{III} = \cos\chi \cdot y_{II} - \sin\chi \cdot z_{II} ,$$
$$\varrho_{III} \cdot z_{III} = \sin\chi \cdot y_{II} + \cos\chi \cdot z_{II} ,$$
$$\varrho_{III} \cdot w_{III} = w_{II}$$

und mit den Ungleichungen

(3) $0 \leq \chi < \pi$, bis die Gerade g_{II} in die Gerade g_{III} gelangt, die zur y- Achse euklidisch parallel ist.(Fig. (54b). Hierdurch ist der Winkel χ festgelegt. Diejenige Richtung der Geraden g_{III}, welche hierbei mit der negativen Richtung der y- Achse identisch ist, sei jetzt als positive Richtung der Geraden g_{III} gewählt, sodaß damit die g_{III}- Achse, wie auch rückwirkend die (g_{II}-, g_I)- Achsen und die g- Achse mit ihren positiven Richtungen festgelegt sind.(Der Winkel χ ist auch der konkave euklidische und nichteuklidische Winkel zwischen der g- Achse und der euklidischen Parallelen durch den Punkt P zur negativen Richtung der k- Achse,(Fig 54a,vgl. das Ell. Werk, S.89), wodurch die positive Richtung der g-Achse von vorneherein festgelegt ist).

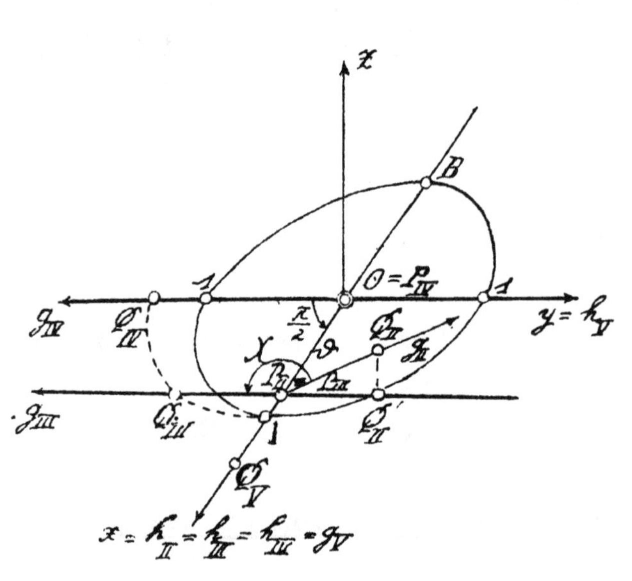

Fig. 54b.

(IV) Die polare Drehung längs der x- Achse durch die nichteuklidische Strecke $-\vartheta = \overrightarrow{P_{III}O}$ oder die Drehung um die x_1^∞- Achse durchden nichteuklidischen Winkel $- \vartheta \cdot i$ mit den Gleichungen

$$\rho_{IV} \cdot x_{IV} = \cos h\,\vartheta \cdot x_{III} - \sin h\,\vartheta \cdot w_{III},$$
$$\rho_{IV} \cdot y_{IV} = y_{III},$$
$$\rho_{IV} \cdot z_{IV} = z_{III},$$
$$\rho_{IV} \cdot w_{IV} = - \sin h\,\vartheta \cdot x_{III} + \cos h\,\vartheta \cdot w_{III}$$

mit den Ungleichungen

(4) $0 < \vartheta < \infty$.

Hier ist also die Strecke ϑ die nichteuklidische Größe der Strecke $O\,P_{III} = O\,P \neq 0$, (euklidisch ist die Strecke $O\,P_{III} = O\,P = \mathrm{tgh}\,\vartheta$). Durch diese Teilbewegung gelangt der Punkt P_{III} in den Punkt $P_{IV} = O$ und die g_{III}- Achse als g_{IV}- Achse in die negative y- Achse.

<u>(V) Die euklidische und nichteuklidische Drehung um die z- Achse durch den Winkel $\frac{\pi}{2}$</u> mit den Gleichungen

$$\rho_V \cdot x_V = - y_{IV},$$
$$\rho_V \cdot y_V = x_{IV},$$
$$\rho_V \cdot z_V = z_{IV},$$
$$\rho_V \cdot w_V = w_{IV}.$$

Hierdurch gelangt die g_{IV}- Achse in die x- Achse und die h_{IV}- Achse in die y- Achse.

Diese fünf Teilbewegungen ergeben die <u>zusammengefaßte Teilbewegung</u>

(5a-d)
$$\rho_V \cdot x_V = \alpha_1 x + \alpha_2 y + \alpha_3 z + \alpha_4 w,$$
$$\rho_V \cdot y_V = \beta_1 x + \beta_2 y + \beta_3 z + \beta_4 w,$$
$$\rho_V \cdot z_V = \gamma_1 x + \gamma_2 y + \gamma_3 z + \gamma_4 w,$$
$$\rho_V \cdot w_V = \delta_1 x + \delta_2 y + \delta_3 z + \delta_4 w,$$ wo jetzt

(6) $\alpha_1 = - \sin \chi \cdot \sin \psi \leqq 0$,

(7) $\alpha_2 = - \cos \varphi \cdot \cos \chi + \sin \varphi \cdot \sin \chi \cdot \cos \psi$,

(8) $\alpha_3 = \sin \varphi \cdot \cos \chi + \cos \varphi \cdot \sin \chi \cdot \cos \psi$,

(9) $\alpha_4 = 0$.,

(10) $\beta_1 = \cos h\,\vartheta \cdot \cos\psi$,

(11) $\beta_2 = \cos h\,\vartheta \cdot \sin\varphi \cdot \sin\psi$

(12) $\beta_3 = \cos h\,\vartheta \cdot \cos\varphi \cdot \sin\psi$

(13) $\beta_4 = -\sin h\,\vartheta < 0$,

(14) $\gamma_1 = -\cos\chi \cdot \sin\psi$,

(15) $\gamma_2 = \cos\varphi \cdot \sin\chi + \sin\varphi \cdot \cos\chi \cdot \cos\psi$,

(16) $\gamma_3 = -\sin\varphi \cdot \sin\chi + \cos\varphi \cdot \cos\chi \cdot \cos\psi$,

(17) $\gamma_4 = 0$,

(18) $\delta_1 = -\sin h\,\vartheta \cdot \cos\psi$,

(19) $\delta_2 = -\sin h\,\vartheta \cdot \sin\varphi \cdot \sin\psi$,

(20) $\delta_3 = -\sin h\,\vartheta \cdot \cos\varphi \cdot \sin\psi$,

(21) $\delta_4 = \cos h\,\vartheta > 1$

mit der Determinate der Koeffizienten $\alpha_i, \beta_i, \gamma_i, \delta_i$ $\Delta_V = 1$ und den 20 Bedingsungsgleichungen für diese Koeffizienten, (vgl. § 2).

2. <u>Es übertragen sich jetzt überhaupt analog die Betrachtungen der Abschnitte IV und V, S.93 ff. des Ell. Werkes unverändert hierher.</u> Die Gleichungen (6)-(9) und (14)-(17) sind ja auch hier dieselben wie dort.

Es gelten hier nun gemäß den allgemeinen Bedingungsgleichungen jeder Bewegung die Formeln $\alpha_i^2 + \beta_i^2 + \gamma_i^2 - \delta_i^2 = 1$ (für i = 1,2,3) oder

(22) $\beta_i^2 + \gamma_i^2 = 1 - (\alpha_i^2 - \delta_i^2)$, und weiter die Formeln

(23) $\beta_4^2 - \delta_4^2 = -1$, sowie die Formeln

(24) $\beta_1\beta_2 + \gamma_1\gamma_2 = -\alpha_1\alpha_2 + \delta_1\delta_2$,

(25) $\beta_1\beta_3 + \gamma_1\gamma_3 = -\alpha_1\alpha_3 + \delta_1\delta_3$ und

(26) $\beta_2\beta_3 + \gamma_2\gamma_3 = -\alpha_2\alpha_3 + \delta_2\delta_3$ und

(27) $\beta_1\beta_4 = \delta_1\delta_4$,

(28) $\beta_2\beta_4 = \delta_2\delta_4$,

(29) $\beta_3\beta_4 = \delta_3\delta_4$.

Es gelten ferner die Formeln, wie wir am einfachsten durch Ein= setzen der Werte für die Koeffizienten verifizieren,

(30) $\beta_1 \gamma_2 - \beta_2 \gamma_1 = \alpha_3 \delta_4$,

(31) $\beta_3 \gamma_1 - \beta_1 \gamma_3 = \alpha_2 \delta_4$,

(32) $\beta_2 \gamma_3 - \beta_3 \gamma_2 = \alpha_1 \delta_4$,

(33) $\beta_4 \gamma_1 = \alpha_2 \delta_3 - \alpha_3 \delta_2$,

(34) $\beta_4 \gamma_2 = \alpha_3 \delta_1 - \alpha_1 \delta_3$,

(35) $\beta_4 \gamma_3 = \alpha_1 \delta_2 - \alpha_2 \delta_1$.

Wir können noch sogleich den Satz anschließen: Wenn bei gegebener Geraden g die Parameter α_1 , β_1 , γ_1 , δ_1 jetzt durch die Glei= chungen (6)-(21) bestimmt sind, so ergibt es kein anderes Werte= quadrupel φ, ψ, χ, ϑ mit den gegebenen Ungleichungen und Fest= setzungen, welche dieselben Werte α_1, β_1, γ_1, δ_1 ergeben mit andern Worten:

3. Die festgelegten Parameter α_1, β_1, γ_1, δ_1 bestimmen umgekehrt auch eindeutig die Werte φ, ψ, χ, ϑ :

Wir sehen ja: Die Gleichung (21) bestimmt den Wert ϑ, die Glei= chung (10) die Größe $\cos\psi$ und damit den Winkel ψ. Wenn $\psi = 0$ oder $= \pi$ ist, so ist auch nach unserer Festsetzung $\varphi = 0$ und dann bestimmen die Gleichungen (7) und (8) die Werte $\cos \chi$ und $\sin \chi$ und damit den Winkel χ. Wenn aber $\psi \neq 0$ und $\neq \pi$ ist, so bestimmen die Gleichungen (11) und (12) die Werte $\sin\varphi$ und $\cos \varphi$, die Glei= chungen (6) und (14) die Werte $\sin \chi$ und $\cos \chi$.

II. Jetzt sei als weitere Teilbewegung hinzugefügt:

(VI) Die Schraubung längs der x- Achse mit den Gleichungen für den Winkel α und die nichteuklidische Strecke β

$$\rho_{VI} \cdot x_{VI} = \cos h\beta \cdot x_V + \sin h\beta \cdot w_V ,$$
$$\rho_{VI} \cdot y_{VI} = \cos \alpha \cdot y_V - \sin \alpha \cdot z_V ,$$
$$\rho_{VI} \cdot z_{VI} = \sin \alpha \cdot y_V + \cos \alpha \cdot z_V ,$$
$$\rho_{VI} \cdot w_{VI} = \sin h\beta \cdot x_V + \cos h\beta \cdot w_V , \text{ wo}$$

(36) $0 \leq \alpha < 2\pi$ und

(37) $-\infty < \beta < +\infty$ ist und der Fall $\alpha = \beta = 0$ als Identität für diese Schraubung hier ausgeschlossen ist.

(VII) Endlich sei als letzte Teilbewegung die umgekehrte Bewegung zu jener durch die Gleichungen (5a-d) gegebenen Teilbewegung angeschlossen mit den Gleichungen

$$\begin{aligned}
\rho^* \cdot x^* &= \alpha_1 x_{VI} + \beta_1 y_{VI} + \gamma_1 z_{VI} - \delta_1 w_{VI},\\
\rho^* \cdot y^* &= \alpha_2 x_{VI} + \beta_2 y_{VI} + \gamma_2 z_{VI} - \delta_2 w_{VI},\\
\rho^* \cdot z^* &= \alpha_3 x_{VI} + \beta_3 y_{VI} + \gamma_3 z_{VI} - \delta_3 w_{VI},\\
\rho^* \cdot w^* &= -\beta_4 y_{VI} + \delta_4 w_{VI}
\end{aligned}$$

Die Zusammenfassung der Teilbewegung mit den Gleichungen (5a-d) und dieser beiden letzten Teilbewegungen ergibt dann die <u>gewünschten Gleichungen der gesammten Bewegung,</u> der Schraubung um die g- Achse.

(38a-d)
$$\begin{aligned}
\rho^* \cdot x^* &= a_1 x + a_2 y + a_3 z + a_4 w,\\
\rho^* \cdot y^* &= b_1 x + b_2 y + b_3 z + b_4 w,\\
\rho^* \cdot z^* &= c_1 x + c_2 y + c_3 z + c_4 w,\\
\rho^* \cdot w^* &= d_1 x + d_2 y + d_3 z + d_4 w,
\end{aligned}$$

wo jetzt, da $\alpha_4 = \gamma_4 = 0$ ist, gilt

(39a-d)
$$\begin{aligned}
a_1 &= (\alpha_1^2 - \delta_1^2) \cdot (\cos h\beta - \cos\alpha) + \cos\alpha,\\
a_2 &= (\alpha_1\alpha_2 - \delta_1\delta_2) \cdot \cos h\beta + (\alpha_1\delta_2 - \alpha_2\delta_1) \sin h\beta\\
&\quad + (\beta_1\beta_2 + \gamma_1\gamma_2) \cdot \cos\alpha - (\beta_1\gamma_2 - \beta_2\gamma_1) \cdot \sin\alpha,\\
a_3 &= (\alpha_1\alpha_3 - \delta_1\delta_3) \cdot \cos h\beta + (\alpha_1\delta_3 - \alpha_3\delta_1) \cdot \sin h\beta\\
&\quad + (\beta_1\beta_3 + \gamma_1\gamma_3) \cdot \cos\alpha - (\beta_1\gamma_3 - \beta_3\gamma_1) \cdot \sin\alpha,\\
a_4 &= -\delta_1\delta_4 \cdot \cos h\beta + \alpha_1\delta_4 \cdot \sin h\beta + \beta_1\beta_4 \cdot \cos\alpha\\
&\quad + \beta_4\gamma_1 \cdot \sin\alpha,
\end{aligned}$$

(40a-d)
$$\begin{aligned}
b_1 &= (\alpha_1\alpha_2 - \delta_1\delta_2) \cdot \cos h\beta - (\alpha_1\delta_2 - \alpha_2\delta_1) \cdot \sin h\beta\\
&\quad + (\beta_1\beta_2 + \gamma_1\gamma_2) \cdot \cos\alpha + (\beta_1\gamma_2 - \beta_2\gamma_1) \cdot \sin\alpha,
\end{aligned}$$

$$b_2 = (\alpha_2^2 - \delta_2^2) \cdot (\cos h\beta - \cos\alpha) + \cos\alpha,$$

$$b_3 = (\alpha_2 \alpha_3 - \delta_2 \delta_3) \cdot \cos h\beta + (\alpha_2 \delta_3 - \alpha_3 \delta_4) \cdot \sin h\beta$$
$$+ (\beta_2 \beta_3 + \gamma_2 \gamma_3) \cdot \cos\alpha - (\beta_2 \gamma_3 - \beta_3 \gamma_2) \cdot \sin\alpha,$$

$$b_4 = -\delta_2 \delta_4 \cdot \cos h\beta + \alpha_2 \delta_4 \cdot \sin h\beta + \beta_2 \beta_4 \cdot \cos\alpha$$
$$+ \beta_4 \gamma_2 \cdot \sin\alpha,$$

(41a-d) $$c_1 = (\alpha_1 \alpha_3 - \delta_1 \delta_3) \cdot \cos h\beta + (\alpha_3 \delta_1 - \alpha_1 \delta_3) \cdot \sin h\beta$$
$$+ (\beta_1 \beta_3 + \gamma_1 \gamma_3) \cdot \cos\alpha + (\beta_1 \gamma_3 - \beta_3 \gamma_1) \cdot \sin\alpha,$$

$$c_2 = (\alpha_2 \alpha_3 - \delta_2 \delta_3) \cdot \cos h\beta + (\alpha_3 \delta_2 - \alpha_2 \delta_3) \cdot \sin h\beta$$
$$+ (\beta_2 \beta_3 + \gamma_2 \gamma_3) \cdot \cos\alpha + (\beta_2 \gamma_3 - \beta_3 \gamma_2) \cdot \sin\alpha,$$

$$c_3 = (\alpha_3^2 - \delta_3^2) \cdot (\cos h\beta - \cos\alpha) + \cos\alpha,$$

$$c_4 = -\delta_3 \delta_4 \cos h\beta + \alpha_3 \delta_4 \cdot \sin h\beta + \beta_3 \beta_4 \cdot \cos\alpha$$
$$+ \beta_4 \gamma_3 \cdot \sin\alpha,$$

(42a-d) $$d_1 = \delta_1 \delta_4 \cdot \cos h\beta + \alpha_1 \delta_4 \cdot \sin h\beta - \beta_1 \beta_4 \cdot \cos\alpha$$
$$+ \beta_4 \gamma_1 \cdot \sin\alpha,$$

$$d_2 = \delta_2 \delta_4 \cdot \cos h\beta + \alpha_2 \delta_4 \cdot \sin h\beta - \beta_2 \beta_4 \cdot \cos\alpha$$
$$+ \beta_4 \gamma_2 \cdot \sin\alpha,$$

$$d_3 = \delta_3 \delta_4 \cdot \cos h\beta + \alpha_3 \delta_4 \cdot \sin h\beta - \beta_3 \beta_4 \cdot \cos\alpha$$
$$+ \beta_4 \gamma_3 \cdot \sin\alpha,$$

$$d_4 = \delta_4^2 \cdot (\cos h\beta - \cos\alpha) + \cos\alpha.$$

Diese Gleichungen können wir nun unter Benutzung der Formeln (22) -(35) in die neue Form überführen

(43a-d) $$a_1 = (\alpha_1^2 - \delta_1^2) \cdot (\cos h\beta - \cos\alpha) + \cos\alpha,$$

$$b_2 = (\alpha_2^2 - \delta_2^2) \cdot (\cos h\beta - \cos\alpha) + \cos\alpha,$$

$$c_3 = (\alpha_3^2 - \delta_3^2) \cdot (\cos h\beta - \cos\alpha) + \cos\alpha,$$

$$d_4 = \delta_4^2 \cdot (\cos h\beta - \cos\alpha) + \cos\alpha,$$

(44a-c)

$$\frac{b_1 + a_2}{2} = (\alpha_1 \alpha_2 - \delta_1 \delta_2) \cdot (\cos h\beta - \cos\alpha),$$

$$\frac{a_3 + c_1}{2} = (\alpha_1 \alpha_3 - \delta_1 \delta_3) \cdot (\cos h\beta - \cos\alpha),$$

$$\frac{c_2 + b_3}{2} = (\alpha_2 \alpha_3 - \delta_2 \delta_3) \cdot (\cos h\beta - \cos\alpha),$$

(45a-c)

$$\frac{a_4 + d_1}{2} = \alpha_1 \delta_4 \cdot \sin h\beta + (\alpha_2 \delta_3 - \alpha_3 \delta_2) \cdot \sin\alpha,$$

$$\frac{b_4 + d_2}{2} = \alpha_2 \delta_4 \cdot \sin h\beta + (\alpha_3 \delta_1 - \alpha_1 \delta_3) \cdot \sin\alpha,$$

$$\frac{c_4 + d_3}{2} = \alpha_3 \delta_4 \cdot \sin h\beta + (\alpha_1 \delta_2 - \alpha_2 \delta_1) \cdot \sin\alpha,$$

(46a-c)

$$\frac{b_1 - a_2}{2} = -(\alpha_1 \delta_2 - \alpha_2 \delta_1) \cdot \sin h\beta + \alpha_3 \delta_4 \cdot \sin\alpha,$$

$$\frac{a_3 - c_1}{2} = -(\alpha_3 \delta_1 - \alpha_1 \delta_3) \cdot \sin h\beta + \alpha_2 \delta_4 \cdot \sin\alpha,$$

$$\frac{c_2 - b_3}{2} = -(\alpha_2 \delta_3 - \alpha_3 \delta_2) \cdot \sin h\beta + \alpha_1 \delta_4 \cdot \sin\alpha,$$

(47a-c)

$$\frac{a_4 - d_1}{2} = -\delta_1 \delta_4 \cdot (\cos h\beta - \cos\alpha),$$

$$\frac{b_4 - d_2}{2} = -\delta_2 \delta_4 \cdot (\cos h\beta - \cos\alpha),$$

$$\frac{c_4 - d_3}{2} = -\delta_3 \delta_4 \cdot (\cos h\beta - \cos\alpha).$$

In diesen Gleichungen kommen also außer den Größen α, β nur noch die Koeffizienten α_1, α_2, α_3, und δ_i vor, (vgl. den Satz 3, S. 99 des Ell. Werkes).

III. Wir wenden uns jetzt dem besonderen Fall zu, daß die sich gleichsinnig entsprechende Gerade g durch den Koordinatenanfangspunkt O geht. Es ist dann die nichteuklidische Strecke $\vartheta = 0$.

Wir können hier zurückblicken zu dem § 18,S.114 ff des Ell. Werkes. Wir können jetzt bevorzugen, daß die k- Achse mit der y- Achse zusammenfällt, also der Winkel

(2") $\varphi = 0$ ist(Fig.55).

Die zu den(k,g)- Achsen senkrechte h- Achse liegt dann in der (x,z)- Ebene und ist in der Figur 55 durch den Punkt R. festgelegt.

Setzen wir jetzt in den Gleichungen (6)-(21) $\vartheta = 0, \varphi = 0$, so erhalten wir hier die gültigen Gleichungen

(6′) $\alpha_1 = -\sin\chi \cdot \sin\psi \leqq 0$, (7′) $\alpha_2 = -\cos\chi$,

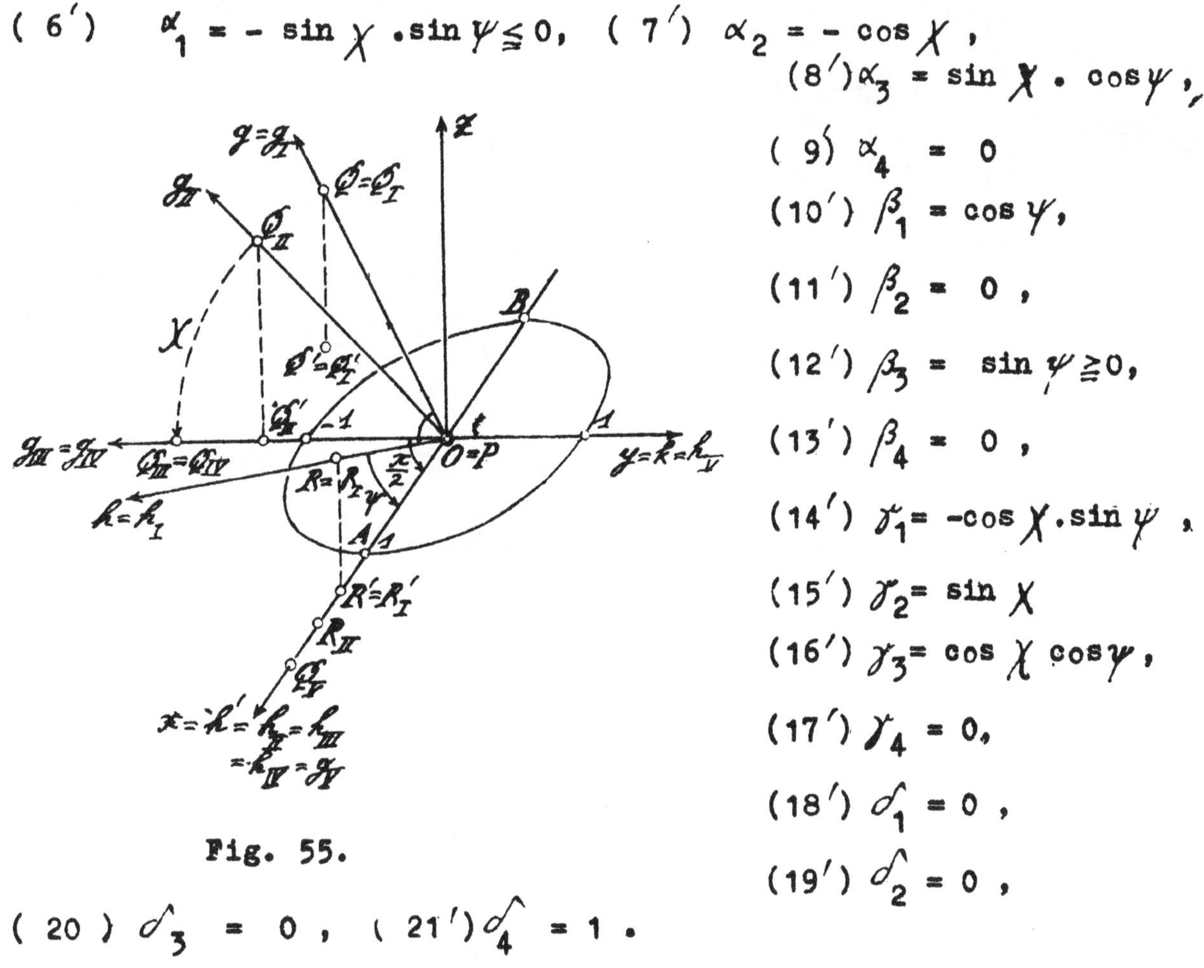

(8′) $\alpha_3 = \sin\chi \cdot \cos\psi$,

(9′) $\alpha_4 = 0$

(10′) $\beta_1 = \cos\psi$,

(11′) $\beta_2 = 0$,

(12′) $\beta_3 = \sin\psi \geqq 0$,

(13′) $\beta_4 = 0$,

(14′) $\gamma_1 = -\cos\chi \cdot \sin\psi$,

(15′) $\gamma_2 = \sin\chi$

(16′) $\gamma_3 = \cos\chi \cos\psi$,

(17′) $\gamma_4 = 0$,

(18′) $\delta_1 = 0$,

(19′) $\delta_2 = 0$,

(20) $\delta_3 = 0$, (21′) $\delta_4 = 1$.

Die Gleichungen (39)-(42) nehmen hier einfachere Gestalt an, da eben $\beta_2 = 0$, $\beta_4 = 0$ und $\delta_1 = \delta_2 = \delta_3 = 0$, $\delta_4 = 1$ geworden ist .

Wenn noch die g- Achse mit der negativen Richtung der y- Achse zusammenfällt, also auch $\chi = 0$ ist. so können wir den Winkel ψ beliebig wählen, wollen aber den Wert

(1′) $\psi = 0$

bevorzugen. d.h. die h- Achse mit der x- Achse zusammenfallen lassen,(vgl. S.119 des Ell. Werkes).

Es gilt auch jetzt wieder der Satz 3.

Und die Gleichungen (43)-(47) nehmen jetzt die Form an

(43'a-d) $a_1 = \alpha_1^2 . (\cos h\beta - \cos\alpha) + \cos\alpha = \sin^2\chi \ \sin^2\psi$

$.(\cos h\beta - \cos\alpha) + \cos\alpha,$

$b_2 = \alpha_2^2 . (\cos h\beta - \cos\alpha) + \cos\alpha = \cos^2\chi$

$(\cos h\beta - \cos\alpha) + \cos\alpha,$

$c_3 = \alpha_3^2 . (\cos h\beta - \cos\alpha) + \cos\alpha = \sin^2\chi . \cos^2\psi$

$(\cos h\beta - \cos\alpha) + \cos\alpha,$

$d_4 = \cos h\beta \geqq 1.$

(44' a-c) $\frac{b_1 + a_2}{2} = \alpha_1 \alpha_2 . (\cos h\beta - \cos\alpha) = \sin\chi . \cos\chi$

$\sin\psi . (\cos h\beta - \cos\alpha),$

$\frac{a_3 + c_1}{2} = \alpha_1 \alpha_3 . (\cos h\beta - \cos\alpha) = - \sin^2\chi$

$. \sin\psi . \cos\psi . (\cos h\beta - \cos\alpha),$

$\frac{c_2 + b_3}{2} = \alpha_2 \alpha_3 . (\cos h\beta - \cos\alpha) = -\sin\chi$

$\cos\chi . \cos\psi . (\cos h\beta - \cos\alpha),$

(45' a-c) $\frac{a_4 + d_1}{2} = a_4 = \alpha_1 . \sin h\beta = - \sin\chi \ \sin\psi . \sin h\beta,$

$\frac{b_4 + d_2}{2} = b_4 = \alpha_2 . \sin h\beta = - \cos\chi . \sin h\beta,$

$\frac{c_4 + d_3}{2} = c_4 = \alpha_3 . \sin h\beta = \sin\chi . \cos\psi . \sin h\beta,$

(46' a-c) $\frac{b_1 - a_2}{2} = \alpha_3 . \sin\alpha = \sin\chi . \cos\psi . \sin\alpha,$

$\frac{a_3 - c_1}{2} = \alpha_2 . \sin\alpha = - \cos\chi . \sin\alpha,$

$$\frac{c_2-b_3}{2} = \alpha_1 \cdot \sin\alpha = -\sin\chi \cdot \sin\psi \cdot \sin\alpha ,$$

$$(47'a\text{-}c) \qquad \frac{a_4-d_1}{2} = o,$$

$$\frac{b_4-d_2}{2} = o,$$

$$\frac{c_4-d_3}{2} = o,$$

Im Falle $\chi = 0$, wo zugleich $\psi = o$ gewählt ist, ist die Bewegung ja die Schraubung um die y- Achse mit den Größen $-\alpha$, $-\beta$. (Die Gleichungen (43')-(47') ergeben dieselben Gleichungen auch für beliebige Werte ψ). -

Wir bemerken noch: Die Gleichungen (43')-(47') sind für den Wert $\beta = o$ völlig identisch mit den Gleichungen (19)-(34) S.116 des Ell. Werkes für $\beta = o$, Auch die Ausführungen im Abschnitt VIII, S. 127 des Ell. Werkes mit den Beziehungen zu L. Euler sind da= her gleicherweise in der hyperbolischen Geometrie gültig, wie natürlich auch in der euklidischen Geometrie. Es handelt sich hier ja um Bewegungen, die in allen drei Geoemtrieen gleich sind, nämlich um Drehungen um eine Achse durch den Koordinatenanfangs= punkt O.

§ 10.

Neue Ableitung der Bewegungsgleichungen im Falle einer Grenzbewegung im Hinblick auf die sich gleichsinnig entsprechenden Geraden.

I. Endlich werden wir noch den Fall zu behandeln haben, daß die sich gleichsinnig entsprechenden Geraden die absolute Fläche in einem Punkt P berühren. Es gibt dann ja ∞^1 sich gleichsinnig entsprechende Geraden, nämlich alle Tangenten der absoluten Flä= che in der Tangentialebene des Punktes P und unter diesen ist stets und nur eine, die sich punktweise selbst entspricht,(vgl. den Satz 6 im Abschnitt III des § 7). Leztere sei als die Gera= de g bezeichnet und im Folgenden bevorzugt.

Wir wollen auch hier jetzt die Bewegungsgleichungen aufstellen und gehen analog vor, wie im Abschnitt I des § 9. Wir verbinden die Punkte O,P durch die Achse h mit der positiven Richtung $\overrightarrow{OP}$, wo O P die ganz innerhalb der absoluten Fläche liegende Strecke ist,(Fig.56a).

Ferner sei jetzt ψ der euklidische und nichteuklidische Winkel der (x,h)- Achsen mit den Ungleichungen

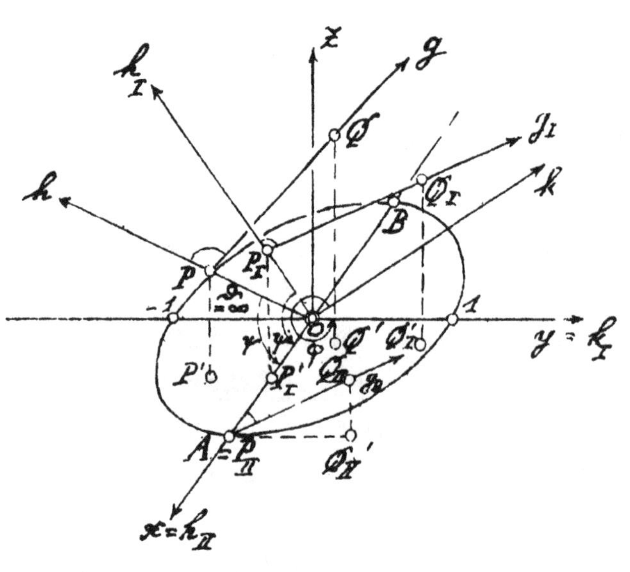

Fig . 56a.

(1) $0 \leqq \psi \leqq \pi$.

Wir errichten dann weiter auf der (x,h)- Ebene im Punkte O die Senkrechte k und wählen die positive Richtung der Geraden k so,daß ihr entgegengesehen die h- Achse durch die positive Drehung durch den Winkel ψ in die x- Achse übergeht. Es sei weiter φ der euklidische und nichteuklidische Winkel,sodass der x-Achse entgegengesehen die k- Achse durch die positive Drehung durch den Winkel φ in die y- Achse übergeht, mit den Ungleichungen

(2) $0 \leqq \varphi < 2\pi$.

Für den Fall $\psi = 0$, bzw. $\psi = \pi$ sei wieder bevorzugt, daß die k-Achse mit der y- Achse zusammenfällt, sodass dann

(2') $\varphi = 0$ ist.

Wir führen jetzt nach einander zunächst folgende drei Teilbewegungen aus:

(I) die Drehung um die x- Achse durch den Winkel φ ,

(II) die Drehung um die y- Achse durch den Winkel ψ ,

(III) die Drehung um die x-Achse durch den positiven euklidischen und nichteuklidischen Winkel χ mit den Ungleichungen

(3) $0 \leqq \chi < \pi$.

Die Gleichungen dieser drei Teilbewegungen sind formal die gleichen, wie im Abschnitt I des § 9. Durch die dritte Teilbewegung.

soll die Gerade g_{II} in die Gerade g_{III} gelangen, die zur y Achse euklidisch parallel ist. Hierdurch ist der Winkel χ fest=gelegt(Fig.56b). Diejenige Richtung der Geraden g_{III}, welche hierbei mit der negativen Richtung der y- Achse identisch ist, sei jetzt als positive Richtung der Geraden g_{III} gewählt, sodaß damit die g_{III}- Achse und auch rückwärts die g_{II} -, g_I- und g-Achsen mit ihren positiven Richtungen festgelegt sind.

Zusammengefaßt ergeben diese drei Teilbewegungen die Teil=bewegung

(4a-d)
$$\varrho_{III} \cdot x_{III} = \alpha_1 x + \alpha_2 y + \alpha_3 z ,$$
$$\varrho_{III} \cdot y_{III} = \beta_1 x + \beta_2 y + \beta_3 z ,$$
$$\varrho_{III} \cdot z_{III} = \gamma_1 x + \gamma_2 y + \gamma_3 z ,$$
$$\varrho_{III} \cdot w_{III} = w ,$$

wo jetzt gilt

(5) $\alpha_1 = \cos\psi$,
(6) $\alpha_2 = \sin\varphi \cdot \sin\psi$,
(7) $\alpha_3 = \cos\varphi \cdot \sin\psi$,
(8) $\alpha_4 = 0$,

(9) $\beta_1 = \sin\chi \cdot \sin\psi \geqq 0$,
(10) $\beta_2 = \cos\varphi \cdot \cos\chi - \sin\varphi \cdot \sin\chi \cdot \cos\psi$,
(11) $\beta_3 = -\sin\varphi \cdot \cos\chi - \cos\varphi \cdot \sin\chi \cdot \cos\psi$,
(12) $\beta_4 = 0$,
(13) $\gamma_1 = -\cos\chi \sin\psi$,
(14) $\gamma_2 = \cos\varphi \cdot \sin\chi + \sin\varphi \cdot \cos\chi \cdot \cos\psi$,
(15) $\gamma_3 = -\sin\varphi \cdot \sin\chi + \cos\varphi \cdot \cos\chi \cdot \cos\psi$,
(16) $\gamma_4 = 0$
(17) $\delta_1 = 0$,
(18) $\delta_2 = 0$,
(19) $\delta_3 = 0$,
(20) $\delta_4 = 1$.

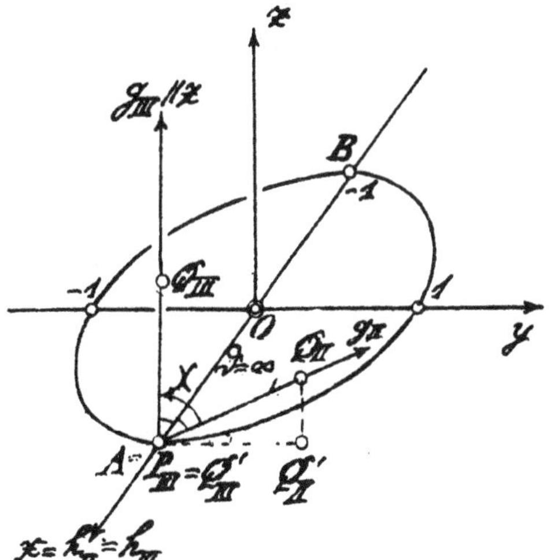

Fig.56b.

Diese Gleichungen stimmen übrigens formal mit den Gleichungen (6)-(21) im Abschnitt I des § 9 überein, wenn dort die Größe $\vartheta = 0$ gesetzt wird und die Größen β_i $-\alpha_i$ dort durch die Größen α_i, β_i ersetzt werden. Es gelten aber auch die analogen Bedingungsgleichungen (22)-(35) des Abschnittes I im § 9 auch hier, wovon wir indeß keinen Gebrauch machen. Doch gelten hier (wie analog auch dort) auch die für uns besonders in Frage kommenden Bedingungsgleichungen

(21a-c)
$$\begin{aligned} \gamma_1 &= \alpha_2\,\beta_3 - \alpha_3\,\beta_2 \\ \gamma_2 &= \alpha_3\,\beta_1 - \alpha_1\,\beta_3 \\ \gamma_3 &= \alpha_1\,\beta_2 - \alpha_2\,\beta_1 \end{aligned}$$

wie durch Einsetzen der vorstehenden Werte der Koeffizienten sich leicht ergibt.

II. Jetzt seien als weitere Teilbewegungen hinzugefügt:

(IV) <u>die Grenzbewegung mit den Gleichungen (1a-d) im Abschnitt I des § 5 in der Form</u>

$$\begin{aligned} \rho_{IV} \cdot x_{IV} &= \left(1 - \frac{1}{2\delta^2}\right) \cdot x_{III} - \frac{1}{\delta}\, y_{III} + \frac{1}{2\delta^2}\, w_{III}, \\ \rho_{IV} \cdot y_{IV} &= \frac{1}{\delta}\, x_{III} + y_{III} - \frac{1}{\delta}\, w_{III}, \\ \rho_{IV} \cdot z_{IV} &= z_{III}, \\ \rho_{IV} \cdot w_{IV} &= -\frac{1}{2\delta^2}\, x_{III} - \frac{1}{\delta}\, y_{III} + \left(1 + \frac{1}{2\delta^2}\right) \cdot w_{III}, \end{aligned}$$

mit den Ungleichungen

(22) $0 < |\delta| < \infty$,

und endlich

(V) <u>die umgekehrte Bewegung zu jener mit den Gleichungen (4a-d)</u>

$$\begin{aligned} \rho^* \cdot x^* &= \alpha_1\, x_{IV} + \beta_1\, y_{IV} + \gamma_1\, z_{IV}, \\ \rho^* \cdot y^* &= \alpha_2\, x_{IV} + \beta_2\, y_{IV} + \gamma_2\, z_{IV}, \\ \rho^* \cdot z^* &= \alpha_3\, x_{IV} + \beta_3\, y_{IV} + \gamma_3\, z_{IV}, \\ \rho^* \cdot w^* &= w_{IV}. \end{aligned}$$

Die Zusammenfassung der Teilbewegung mit den Gleichungen (4a-d) und dieser beiden letzten Teilbewegungen ergibt dann die <u>gewünschten Gleichungen der gesammten Bewegung</u>

(23a-d)
$$\varrho^*\cdot x^* = a_1 x + a_2 y + a_3 z + a_4 w,$$
$$\varrho^*\cdot y^* = b_1 x + b_2 y + b_3 z + b_4 w,$$
$$\varrho^*\cdot z^* = c_1 x + c_2 y + c_3 z + c_4 w,$$
$$\varrho^*\cdot w^* = d_1 x + d_2 y + d_3 z + d_4 w,$$ wo jetzt gilt

(24a-d)
$$a_1 = 1 - \alpha_1^2 \cdot \frac{1}{2\delta^2},$$
$$a_2 = -(\alpha_1 \beta_2 - \alpha_2 \beta_1) \cdot \frac{1}{\delta} - \alpha_1 \alpha_2 \cdot \frac{1}{2\delta^2},$$
$$a_3 = (\alpha_3 \beta_1 - \alpha_1 \beta_3) \cdot \frac{1}{\delta} - \alpha_1 \alpha_3 \cdot \frac{1}{2\delta^2},$$
$$a_4 = -\beta_1 \cdot \frac{1}{\delta} + \alpha_1 \cdot \frac{1}{2\delta^2},$$

(25a-d)
$$b_1 = (\alpha_1 \beta_2 - \alpha_2 \beta_1) \cdot \frac{1}{\delta} - \alpha_1 \alpha_2 \cdot \frac{1}{2\delta^2},$$
$$b_2 = 1 - \alpha_2^2 \cdot \frac{1}{2\delta^2},$$
$$b_3 = -(\alpha_2 \beta_3 - \alpha_3 \beta_2) \cdot \frac{1}{\delta} - \alpha_2 \alpha_3 \cdot \frac{1}{2\delta^2},$$
$$b_4 = -\beta_2 \cdot \frac{1}{\delta} + \alpha_2 \cdot \frac{1}{2\delta^2},$$

(26a-d)
$$c_1 = -(\alpha_3 \beta_1 - \alpha_1 \beta_3) \cdot \frac{1}{\delta} - \alpha_1 \alpha_3 \cdot \frac{1}{2\delta^2},$$
$$c_2 = (\alpha_2 \beta_3 - \alpha_3 \beta_2) \cdot \frac{1}{\delta} - \alpha_2 \alpha_3 \cdot \frac{1}{2\delta^2},$$
$$c_3 = 1 - \alpha_3^2 \cdot \frac{1}{2\delta^2},$$
$$c_4 = -\beta_3 \cdot \frac{1}{\delta} + \alpha_3 \cdot \frac{1}{2\delta^2},$$

(27a-d)
$$d_1 = -\beta_1 \cdot \frac{1}{\delta} - \alpha_1 \cdot \frac{1}{2\delta^2},$$
$$d_2 = -\beta_2 \cdot \frac{1}{\delta} - \alpha_2 \cdot \frac{1}{2\delta^2},$$
$$d_3 = -\beta_3 \cdot \frac{1}{\delta} - \alpha_3 \cdot \frac{1}{2\delta^2},$$
$$d_4 = 1 + \frac{1}{2\delta^2}$$

Hieraus folgt weiter

(28a-d)
$$a_1 = 1 - \alpha_1^2 \cdot \frac{1}{2\delta^2},$$
$$b_2 = 1 - \alpha_2^2 \cdot \frac{1}{2\delta^2},$$
$$c_3 = 1 - \alpha_3^2 \cdot \frac{1}{2\delta^2},$$
$$d_4 = 1 + \frac{1}{2\delta^2} > 1,$$ gemäß den Ungleichungen (22),

(29a-c)
$$\frac{b_1 + a_2}{2} = -\alpha_1 \alpha_2 \cdot \frac{1}{2\delta^2},$$
$$\frac{a_3 + c_1}{2} = -\alpha_1 \alpha_3 \cdot \frac{1}{2\delta^2}$$
$$\frac{c_2 + b_3}{2} = -\alpha_2 \alpha_3 \cdot \frac{1}{2\delta^2},$$

(30a-c)
$$\frac{a_4 + d_1}{2} = -\beta_1 \cdot \frac{1}{\delta},$$
$$\frac{b_4 + d_2}{2} = -\beta_2 \cdot \frac{1}{\delta},$$
$$\frac{c_4 + d_3}{2} = -\beta_3 \cdot \frac{1}{\delta},$$

(31a-c)
$$\frac{b_1 - a_2}{2} = (\alpha_1 \beta_2 - \alpha_2 \beta_1) \cdot \frac{1}{\delta} = \gamma_3 \cdot \frac{1}{\delta},$$
$$\frac{a_3 - c_1}{2} = (\alpha_3 \beta_1 - \alpha_1 \beta_3) \cdot \frac{1}{\delta} = \gamma_2 \cdot \frac{1}{\delta},$$
$$\frac{c_2 - b_3}{2} = (\alpha_2 \beta_3 - \alpha_3 \beta_2) \cdot \frac{1}{\delta} = \gamma_1 \cdot \frac{1}{\delta},$$

(32a-c)
$$\frac{a_4 - d_1}{2} = \alpha_1 \cdot \frac{1}{2\delta^2},$$
$$\frac{b_4 - d_2}{2} = \alpha_2 \cdot \frac{1}{2\delta^2},$$
$$\frac{c_4 - d_3}{2} = \alpha_3 \cdot \frac{1}{2\delta^2}.$$

In diesen letzten 16 Gleichungen kommen also außer dem Parameter δ nur die Paramter α_i, β_i vor.

1. Es gibt insgesammt ∞^4 verschiedene Grenzbewegungen, entsprechend den Paramtern φ, ψ, χ und δ.

III. Wir wollen jetzt sogleich den wichtigen Satz beweisen:

2. Die Bedingung

(33) $$R_1 = (2\,d_4 - s)^2 - \left[(a_4 - d_1)^2 + (b_4 - d_2)^2 + (c_4 - d_3)^2\right] = 0,$$

wo $s = \frac{a_1 + b_2 + c_3 + d_4}{2}$ ist, ist notwendig und hinreichend dafür, daß die durch die Koeffizienten a_i, b_i, c_i, d_i gegebene Bewegung (vgl. die Gleichungen (1a-d) im § 2) eine Grenzbewegung ist, (bei Ausschluß der Identität).

Dann entspricht also stets und nur ein Punkt der absoluten Fläche sich selbst, (vgl. den Satz 10 des § 5).

Denn wir erkennen zunächst leicht: Bei jeder Grenzbewegung ist nach den Gleichungen (28a-d)

$$s = 2 \quad \text{und}$$
$$(2\,d_4 - s)^2 = \frac{1}{\delta^4},$$

und nach den Gleichungen (32a-c)

$$(a_4 - d_1)^2 + (b_4 - d_2)^2 + (c_4 - d_3)^2 = \frac{1}{\delta^4},$$

d.h. die Bedingung (33) ist eine notwendige Bedingung für jede Grenzbewegung.

Nebenbei sei bemerkt:

3. Es kann hier bei der Grenzbewegung nicht zugleich $a_4 - d_1 = b_4 - d_2 = c_4 - d_3 = 0$ sein, da sonst $\delta = \infty$ wäre, d.h. die Identität vorläge, die ja ausgeschlossen ist.

Bei einer allgemeinen Bewegung mit den Gleichungen (43)-(47) des § 9 aber ist die Bedingung (33) nicht möglich. Denn es ist hier nach den Gleichungen (43a-d) des § 9 $S = \cos h\beta + \cos\alpha$ und $(2d_4 - S)^2 = (\cos h\beta - \cos\alpha)^2 (2\delta_4^2 - 1)^2$

und nach den Gleichungen (47a-c) des § 9

(34) $$(a_4-d_1)^2+(b_4-d_2)^2+(c_4-d_3)^2 = 4\cdot(\delta_4^2-1)\cdot\delta_4^2\cdot(\cosh\beta-\cos\alpha)^2$$

Wenn also hier die Bedingung(33) gelten würde, so müßte entweder $\cosh\beta - \cos\alpha = 0$ oder $(2\delta_4^2-1)^2 - 4(\delta_4^2-1)\cdot\delta_4^2 = 0$, d. h. $4\delta_4^4 - 4\delta_4^2 + 1 = 4\delta_4^4 - 4\delta_4^2$ oder $\delta_4 = \infty$ sein. Beides ist aber ausgeschlossen. Denn $\cos h\beta - \cos\alpha = 0$ würde $\alpha = \beta = 0$ oder die Identität bedingen, die ausgeschlossen ist, und $\delta_4 = \infty$ würde $\vartheta = \infty$ bedingen, was auch ausgeschlossen ist.

Bei der Bewegung mit den Gleichungen (43')- (47') des § 9 ist ferner die Bedingung (33) auch nicht möglich. Denn es müßte dann jetzt bei Bestehen der Bedingung (33) gemäß den Gleichungen (47') des § 9 $2d_4 - S = 0$ sein. Nun ist aber nach den Gleichungen (43') des § 9 $S = \cos h\beta + \cos\alpha$ und damit $2d_4 - S = \cosh\beta - \cos\alpha$

Es müßte also wieder $\cos h\beta - \cos\alpha = 0$ sein, so daß wieder die Identität vorläge, die ausgeschlossen ist.

Die Bedingung (33) ist also auch eine hinreichende Bedingung. Hiermit ist der Satz 2 bewiesen im Hinblick darauf, daß ja bei jeder Bewegung der Satz 3 des § 7 gilt.

Zugleich gilt der Satz:

4. Im Falle der allgemeinen Bewegung, d.h. der Bewegung mit den Gleichungen (43)-(47) oder (43')-(47') des § 9 ist stets $\cos h\beta - \cos\alpha \neq 0$ und zwar > 0, bei Ausschluß der Identität-.

Weiter können wir den Satz aussprechen:

5. Stets und nur dann liegt (bei Ausschluß der Identität) der Fall vor, bei dem die sich gleichsinnig entsprechende Gerade g durch den Koordinatenanfangspunkt O geht, wenn $a_4-d_1 = 0$, $b_4-d_2=0$, $c_4-d_3=0$ ist(vgl. die Gleichungen (18)-(21) des § 9)

Nach dem Satze 3 kann dann eine Grenzbewegung nicht vorliegen; also ist auch das Bestehen der Bedingung (33) ausgeschlossen. Nach den Gleichungen(43)-(47) des § 9 gilt eben, wie wir bereits sahen, die Gleichung (34). Ist also $a_4-d_1=b_4-d_2=c_4-d_3=0$, so muß im Hinblick auf die Gleichung(21) des § 9 $\delta_4 = \cosh\vartheta = 1$ oder $\vartheta=0$ sein. Hiermit ist der Satz 5 bewiesen,(vgl. noch die Gleichungen (47') des § 9)

www.ingramcontent.com/pod-product-compliance
Lightning Source LLC
Chambersburg PA
CBHW081433190326
41458CB00020B/6192
* 9 7 8 3 4 8 6 7 7 6 0 2 7 *